JIANZHU ZHITU

建筑制图

第**3**版

朱建国 主编

重庆大学出版社

内容提要

本书共分为 14 章，内容包括：绘图基础，投影的基本知识，点，直线，平面，直线与平面，平面与平面，曲线与曲面，立体，两立体相贯，轴测投影，组合体的视图，剖、断面图，建筑施工图，结构施工图。

本书可作为高等院校土木工程及相关专业本科的建筑制图教材（或画法几何及建筑制图教材），亦可作为相关专业少学时本科和专科的教材，还适用于电视大学、函授大学等其他类型学校相关专业，也可供工程技术人员参考及有关人员自学。

与本书配套的《建筑制图习题集》（第 2 版）同时出版。

图书在版编目（CIP）数据

建筑制图/朱建国主编.—2 版.—重庆：重庆
大学出版社,2012.9(2021.8 重印)
ISBN 978-7-5624-1496-4

Ⅰ.①建… Ⅱ.①朱… Ⅲ.①建筑制图—高等学校—
教材 Ⅳ.①TU204

中国版本图书馆 CIP 数据核字（2012）第 221544 号

建 筑 制 图
第 3 版

朱建国 主编

责任编辑:陈晓阳 范春青 版式设计:陈晓阳
责任校对:关德强 责任印制:赵 晟

*

重庆大学出版社出版发行
出版人:饶帮华
社址:重庆市沙坪坝区大学城西路 21 号
邮编:401331
电话:(023) 88617190 88617185(中小学)
传真:(023) 88617186 88617166
网址:http://www.cqup.com.cn
邮箱:fxk@ cqup.com.cn（营销中心）
全国新华书店经销
重庆市远大印务有限公司印刷

*

开本:787mm×1092mm 1/16 印张:13.25 字数:331 千
2014 年 7 月第 3 版 2021 年 8 月第 20 次印刷
印数:53 401—55 400
ISBN 978-7-5624-1496-4 定价:34.00 元

第 3 版前言

本书第 1 版由重庆大学出版社于 1997 年 8 月出版,自出版至今已近 17 年。这期间,不少读者始终如一地使用本教材,还提出了不少很好的修改建议,倒是作者一直疏于修改,惭愧不已,在此,向各位读者表示衷心的感谢,希望在以后的日子里,继续得到大家的关爱,使本教材不断得到改进,更加适应当前的教学环境,更加符合教学需要,用起来更顺手。

本书第 2 版主要对绘图基础(第 1 章)、建筑施工图(第 13 章)、结构施工图(第 14 章)作了改编,这是基于国家建筑制图标准、标准图集及建筑结构体系发生了变化的缘故,对其他章节的内容仅作了微调。

在使用过程中,发现仍有一些不恰当的地方,甚至一些错漏之处,作者又进行了一次仔细的校核,对图纸中的数据重新进行计算,为了进一步提高教材的质量,又进行了本次修订。

随着课程教学要求的变化,本教材的内容完全适用于土木工程及相关专业本科使用。对少学时本科和专科,可根据需要对内容进行一定的删减即可。

本次改编采用了国家颁布的最新制图标准《房屋建筑制图统一标准》(GB/T 50001—2010)、《总图制图标准》(GB/T 50103—2010)、《建筑制图标准》(GB/T 50104—2010)、《建筑结构制图标准》(GB/T 50105—2010),还采用了最新的标准图集。

与本书配套的《建筑制图习题集》(第 2 版)也由重庆大学出版社同步出版。

编　者
2014 年 6 月

目　录

绪　论

在任何建筑物、构筑物的设计、建造过程中,图纸都是作为表达工程技术人员和设计人员意图的主要工具,也是施工的主要依据。这些图样是按照投影原理和国家标准的统一规定画出的,它们用语言和文字往往不能替代,因此,工程图样被喻为"工程界的语言"。

本课程是土建专业培养高级工程技术应用型人才的一门主要专业技术基础课。它也是学生学习后继课程和完成课程设计与毕业设计不可缺少的基础。

本课程的主要任务是:

(1)学习投影法(主要是正投影)的基本理论;

(2)培养空间概念和对空间形体的形象思维能力;

(3)培养创造性构型设计能力;

(4)掌握绘图工具的使用和学习国家制图标准、专业规范;

(5)培养绘制和阅读房屋建筑图的基本能力。

学习画法几何,要充分理解基本概念,掌握基本规律,养成空间思维的习惯。在学习过程中,要善于针对具体问题具体分析,掌握基本理论的灵活应用,还要注意内容的系统性、实践性较强的特点,多想,勤练。只有下功夫自觉地培养空间想象能力,才能有所收获。

学习制图,要坚持正确使用绘图工具;制图过程中严格遵守国家规定的制图标准和规范;要多画图、多读图,要主动地将投影理论应用于识图中,实践最重要,只有在不断地反复实践中才能逐步掌握制图和读图的基本知识和技能;在学习过程中,要严格要求自己,养成认真负责、一丝不苟的作风,逐步提高绘图速度和质量。

第一章 绘图基础

第一节 图幅、图线、字体、比例及尺寸标注

一、图幅及标题栏

图纸幅面简称图幅,指图纸的大小。其基本规格分为 5 种,由《房屋建筑制图统一标准》(GB/T 50104—2010)所规定,如表 1-1 所示。表中数字是裁边以后的尺寸,尺寸代号的意义如图 1-2 所示。

表 1-1 幅面及图框尺寸　　　　　　单位:mm

幅面代号 尺寸代号	A0	A1	A2	A3	A4
$b \times l$	841×1189	594×841	420×594	297×420	210×297
c		10		5	
a			25		

各种规格幅面的图纸,相互间成比例关系,即 1 张 A0 号图纸对折就是 2 张 A1 号图纸,1 张 A1 号图纸对折就是 2 张 A2 号图纸,其余类推,如图 1-1 所示。

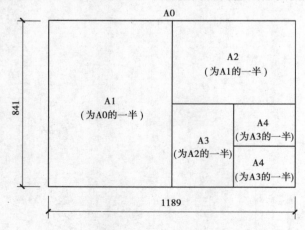

图 1-1　5 种幅面的图纸相互间的比例关系

一个工程设计中,每个专业所使用的图纸,一般不宜多于两种幅面,目录及表格所采用的 A4 幅面除外。

图幅分横式和立式两种,如图 1-2 所示;标题栏在图纸中的位置,根据图形长宽位置的需要,也分横式和立式两种格式,如图 1-3 所示。

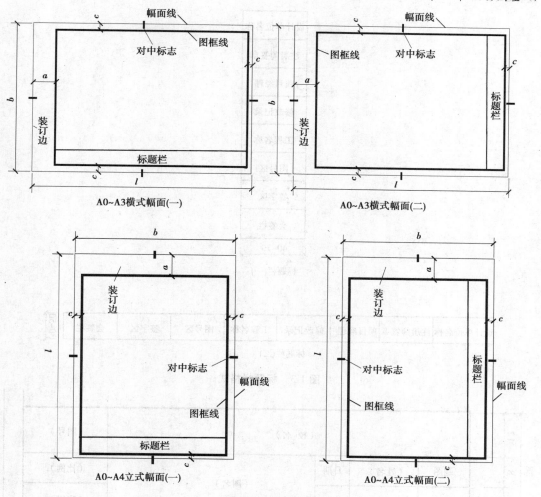

图 1-2 图幅格式

在特殊情况下,允许 A0～A3 号图幅按规定尺寸对图纸的长边加长,但图纸的短边不得加长。有特殊需要的图纸,可采用 $b \times l$ 为 841 mm×891 mm 与 1189 mm×1261 mm 的幅面。

学生制图作业用标题栏推荐图 1-4 的格式。

二、图线

在建筑工程图中,不同的线宽和线型具有不同的含义和用途,掌握对这些线宽和线型的规定,是建筑制图与识图的最基本要求。

每个图样,应根据复杂程度与比例大小,先选定基本线宽 b,再按表 1-2 选用相应的线宽组。在同一张图纸内,相同比例的各图样,应选用相同的线宽组;不同比例的各图样,各不同线宽中的细线,可统一采用较细的线宽组的细线。需要微缩的图纸,不宜采用 0.18 mm 及更细的线宽。

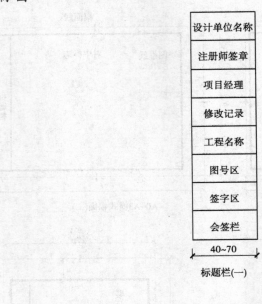

标题栏(一)

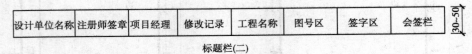

标题栏(二)

图 1-3 标题栏格式

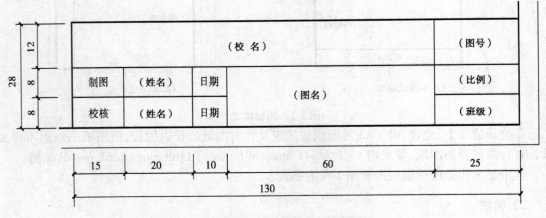

图 1-4 制图作业标题栏推荐格式

表 1-2 线宽组

单位:mm

线宽比	线宽组			
b	1.4	1.0	0.7	0.5
$0.7b$	1.0	0.7	0.5	0.35
$0.5b$	0.7	0.5	0.35	0.25
$0.25b$	0.35	0.25	0.18	0.13

绘制较简单的图样时,可采用两种线宽的线宽组,其线宽比宜为$b:0.25b$。

图纸的图框线和标题栏线,可采用表 1-3 中的线宽。

表 1-3　图框线和标题栏线的宽度　　　　　　　　　　　单位:mm

幅面代号	图框线	标题栏外框线	标题栏分格线、会签栏线
A0,A1	b	$0.7b$	$0.35b$
A2,A3,A4	b	$0.5b$	$0.25b$

建筑专业、室内设计专业制图采用的各种图线,应符合表 1-4 的规定。

表 1-4　图线(GB/T 50001—2010)

名　称		线　型	线宽	用　途
实线	粗		b	主要可见轮廓线
	中粗		$0.70b$	可见轮廓线
	中		$0.5b$	可见轮廓线、尺寸线、变更云线
	细		$0.25b$	图例填充线、家具线
虚线	粗		b	见各有关专业制图标准
	中粗		$0.7b$	不可见轮廓线
	中		$0.5b$	不可见轮廓线、图例线
	细		$0.25b$	图例填充线、家具线
单点长画线	粗		b	见各有关专业制图标准
	中		$0.5b$	见各有关专业制图标准
	细		$0.25b$	中心线、对称线、轴线等
双点长画线	粗		b	见各有关专业制图标准
	中		$0.5b$	见各有关专业制图标准
	细		$0.25b$	假想轮廓线、成型前原始轮廓线
折断线			$0.25b$	断开界线
波浪线			$0.25b$	断开界线

图中相互平行的图例线,其净间隙或线中间隙不宜小于 0.2 mm。虚线、单点长画线及双点长画线的线段长度和间隔,宜各自相等,表 1-4 中所示线段的长度和间隔尺寸可作参考。当图样较小,用单点长画线和双点长画线绘图有困难时,可用实线代替。

在绘制图线时还应注意以下几点:

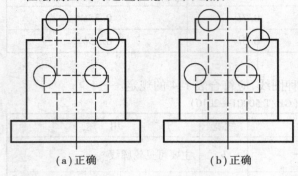

(a)正确　　　　(b)正确

图 1-5　虚线的交接画法

(1)单点长画线和双点长画线的首末两端应是线段,而不是点。点画线与点画线交接或点画线与其他图线交接时,应是线段交接。

(2)虚线与虚线交接或虚线与其他图线交接时,应是线段交接。虚线为实线的延长线时,不得与实线连接。

(3)图线不得与文字、数字或符号重叠、混淆,不可避免时,应首先保证文字的清晰。

虚线的正确和错误画法,如图 1-5 所示。

三、字体

图纸上所需书写的文字、数字或符号等,均应笔画清晰、字体端正、排列整齐;标点符号应清楚正确;文字的高度应从表 1-5 中选用,字高大于 10 mm 的文字宜采用 True type(全真)字体,当需书写更大的字时,其高度应按 $\sqrt{2}$ 的倍数递增。

表 1-5　文字的高度(GB/T 50001—2010)　　　　　　　　单位:mm

字体种类	中文矢量字体	True type 字体及非中文矢量字体
字　高	3.5,5,7,10,14,20	3,4,6,8,10,14,20

图样及说明中的汉字,宜采用长仿宋体或黑体,同一图纸字体种类不应超过两种。大标题、图册封面、地形图等的汉字,也可以写成其他字体,但应易于辨认。汉字的简化字书写应符合国家有关汉字简化方案的规定。

长仿宋体字样:

建筑设计结构施工设备平立剖面总详标准图
红橙黄绿青蓝紫黑白方圆粗细硬软学校实验室图书馆
大小中上下内外纵横垂直完整年月日说明共编号寸分吨斤厘毫甲乙丙丁戊已庚辛

(一)长仿宋字体

长仿宋字是由宋体字演变而来的长方形字体,它的笔画匀称明快,书写方便,因而是工程图纸中最常用字体。写仿宋字(长仿宋体)的基本要求,可概括为"行款整齐、结构匀称、横平竖直、粗细一律、起落顿笔、转折勾棱"。

1.字体的高宽

字的大小用字号来标明,字的号数即字的高度,长仿宋体的高宽关系应符合表 1-6 的规定,黑体字的宽度与高度应相同。

表1-6　长仿宋字高宽关系（GB/T 50001—2010）　　　单位：mm

字 高	20	14	10	7	5	3.5
字 宽	14	10	7	5	3.5	2.5

为了使字写得大小一致、排列整齐，书写前应事先用铅笔淡淡地打好字格，再进行书写。图纸中常用的为10,7,5三种字号。如需书写更大的字，其高度应按$\sqrt{2}$的倍率递增。汉字的字高应不小于3.5 mm。

2.字体的笔画

仿宋字的笔画要横平竖直，注意起落，现介绍常用笔画的写法及特征，如图1-6所示。

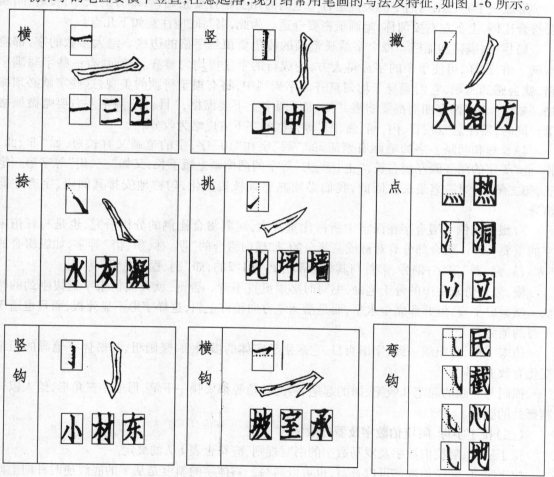

图1-6　常用笔画的写法及特征

（1）横画基本要平，可略向上自然倾斜，运笔起落略顿一下笔，使尽端形成小三角，但应一笔完成。

（2）竖画要铅直，笔画要刚劲有力，运笔同横画。

（3）撇的起笔同竖，但是随斜向逐渐变细，运笔由重到轻。

（4）捺的运笔与撇笔相反，起笔轻而落笔重，终端稍顿笔再向右尖挑。

(5)挑画是起笔重,落笔尖细如针。

(6)点的位置不同,其写法亦不同,多数的点是起笔轻而落笔重,形成上尖下圆的光滑形象。

(7)竖钩的竖同竖画,但要挺直,稍顿后向左上尖挑。

(8)横钩由两笔组成,横同横画,末笔应起重轻落,钩尖如针。

(9)弯钩有竖弯钩、斜弯钩和包钩。竖弯钩起笔同竖画,由直转弯过渡要圆滑;斜弯钩的运笔由轻到重再到轻,转变要圆滑;包钩由横画和竖钩组成,转折要勾棱,竖钩的竖画有时可向左略斜。

3.字体结构

形成一个完善结构的字的关键是各个笔画的相互位置要正确,各部分的大小、长短、间隔要符合比例,上下左右要匀称,笔画疏密要合适。为此,书写时应注意如下几点:

1)撑格、满格和缩格 每个字最长笔画的棱角要顶到字格的边线。绝大多数的字,都应写满字格,这样,可使单个的字显得大方,使成行的字显得均匀整齐。然而,有一些字写满字格,就会感到肥硕,它们置身于均匀整齐的字列当中,将有损于行款的美观,这些字就必须缩格。如"口、日"两字四周都要缩格,"工、四"两字上下要缩格,"目、月"两字左右要略微缩格等。同时,需注意"口、日、内、同、曲、图"等带框的字下方应略为收分。

2)长短和间隔 字的笔画有繁简,如"翻"字和"山"字;字的笔画又有长短,如"非、曲、作、业"等字的两竖画左短右长,"土、于、夫"等字的两横画上短下长,又如"三、川"等字第一笔长,第二笔短,第三笔最长。因此,我们必须熟悉其长短变化,匀称地安排其间隔,字态才能清秀。

3)缀合比例 缀合字在汉字中所占比重甚大,对其缀合比例的分析研究,也是写好仿宋字的重要一环。缀合部分有对称或三等分的,如横向缀合的"明、林、辨、衍"等字,如纵缀合的"辈、昌、意、器"等字;偏旁、部首与其缀合部分约为1:2的,如"制、程、筑、堡"等字。

横、竖是仿宋字中的骨干笔画,书写时必须挺直不弯。否则,就失去仿宋字挺拔刚劲的特征。横画要平直,但并非完全水平,而是沿运笔方向稍许上斜,这样字形不显死板,而且也适于手写的笔势。

仿宋字横、竖粗细一致,字形爽目,它区别于宋体的横画细、竖画粗,与楷体字笔画的粗细变化有致亦不同。

横画与竖画的起笔和收笔、撇的起笔、钩的转角等都要顿一下笔,形成小三角形,给人以锋颖挺劲的感觉。

(二)拉丁字母、阿拉伯数字及罗马数字

拉丁字母、阿拉伯数字及罗马数字的书写规则,应符合表1-7的规定。

拉丁字母、阿拉伯数字可以直写,也可以斜写。斜体字的斜度是从字的底线逆时针向上倾斜75°。斜体字的高度与宽度应与相应的直体字相等。拉丁字母、阿拉伯数字与罗马数字的字高,应不小于2.5 mm。数量的数值注写,应采用正体阿拉伯数字。各种计量单位凡前面有量值的,均应采用国家颁布的单位符号注写。单位符号应采用正体字母。分数、百分数和比例数的注写,应采用阿拉伯数字和数学符号。

数字和字母的运笔顺序如图1-7所示。

字体书写练习要持之以恒,多看、多摹、多写,严格认真、反复刻苦地练习,自然熟能生巧。

表1-7　拉丁字母、阿拉伯数字与罗马数字的书写规则（GB/T 50001—2010）

书写格式	字　体	窄字体
大写字母高度	h	h
小写字母高度（上下均无延伸）	$7/10h$	$10/14h$
小写字母伸出的头部和尾部	$3/10h$	$4/14h$
笔画宽度	$1/10h$	$1/14h$
字母间距	$2/10h$	$2/14h$
上下行基准线的间距	$15/10h$	$21/14h$
词间距	$6/10h$	$6/14h$

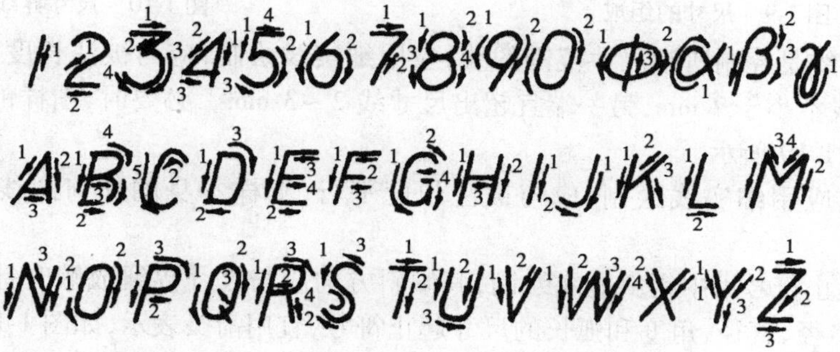

1234567890ΦαβγABCDEFGHIJKLMNOPQRSTUVWXYZ

图1-7　数字和字母的运笔顺序

四、比例

图样的比例，为图形与实物相对应的线性尺寸之比。比例的大小，是指比值的大小，如1:50大于1:100。比例的符号为"："；比例应以阿拉伯数字表示；比例宜注写在图名的右侧，字的基准线应取平；比例的字高宜比图名的字高小1~2号，如图1-8所示。

平面图　1:100　　⑦ 1:20

图1-8　比例的注写

绘图所用的比例应根据图样的用途与被绘对象的复杂程度，从表1-8中选用，应优先采用表中的常用比例。

表1-8　绘图所用的比例（GB/T 50001—2010）

常用比例	1:1,1:2,1:5,1:10,1:20,1:30,1:50,1:100,1:150,1:200,1:500,1:1000,1:2000
可用比例	1:3,1:4,1:6,1:15,1:25,1:40,1:60,1:80,1:250,1:300,1:400,1:600,1:5000,1:10000,1:20000,1:50000,1:100000,1:200000

一般情况下，一个图样应选用一种比例。根据专业制图需要，同一图样可选用两种比例。特殊情况下也可自选比例。

五、尺寸标注

在建筑工程图中，图形仅表达建筑物的形状，而具体确定各部分形状的大小还必须通过标注尺寸才能完成。尺寸标注在建筑工程图中是一项非常重要的内容,房屋施工、构件制作、工程造价等都必须根据尺寸进行,因此在制图工作中,必须认真细致,准确无误,不得有任何遗漏或错误。注写尺寸时,应力求做到正确、完整、清晰、合理。

(一)尺寸的组成

尺寸一般应由尺寸界线、尺寸线、尺寸起止符号和尺寸数字 4 部分组成,如图 1-9 所示。

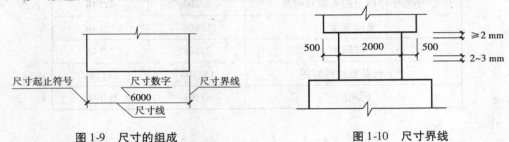

图 1-9　尺寸的组成　　　　　　　图 1-10　尺寸界线

（1）尺寸界线是控制所注尺寸范围的线,应用细实线绘制,应与被注长度垂直;其一端应离开图样轮廓线不小于 2 mm,另一端宜超出尺寸线 2 ~ 3 mm。必要时,图样的轮廓线可用作尺寸界线,如图 1-10 所示。

（2）尺寸线应用细实线绘制,应与被注长度平行,图样本身的任何图线均不得用作尺寸线。

（3）尺寸起止符号用中粗斜短线绘制,其倾斜方向应与尺寸界线成顺时针 45°角,长度宜为 2 ~ 3 mm。半径、直径、角度和弧长的尺寸起止符号,宜用箭头表示,如图 1-11 所示。

（4）图样上的尺寸,应以尺寸数字为准,不得从图上直接量取。图样上的尺寸单位,除标高及总平面图以 m 为单位外,其他必须以 mm 为单位。图中不需注写计量单位的代号或名称。

(二)尺寸数字

尺寸数字的方向,应按图 1-12(a)规定的方向注写,若尺寸数字在 30°斜线区,也可按图 1-12(b)的形式注写。

图 1-11　箭头尺寸起止符号

尺寸数字应依据其方向注写在靠近尺寸线的上方中部,如没有足够的注写位置,最外边的尺寸数字可注写在尺寸界线的外侧,中间相邻的尺寸数字可上下错开注写,也可引出注写,引出线端部用圆点表示标注尺寸的位置,如图 1-13 所示。

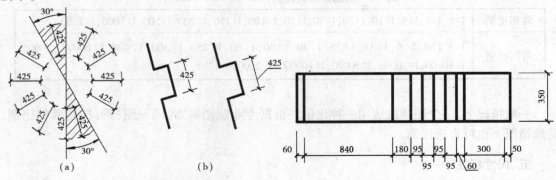

　　(a)　　　　　　　　(b)

图 1-12　尺寸数字的注写方向　　　　图 1-13　尺寸数字的注写位置

（三）尺寸的排列与布置

尺寸宜标注在图样轮廓线以外，不宜与图线、文字及符号等相交，如图 1-14 所示。

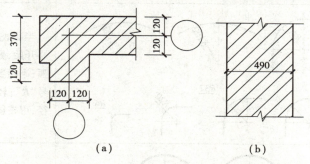

（a）　　　　　　　　　　　（b）

图 1-14　尺寸数字的注写

相互平行的尺寸线，应从被注写的图样轮廓线由近向远整齐排列，较小尺寸应离轮廓线较近，较大尺寸应离轮廓线较远。

图样轮廓线以外的尺寸线，距图样最外轮廓线之间的距离，不宜小于 10 mm。平行排列的尺寸线的间距，宜为 7～10 mm，并应保持一致。

总尺寸的尺寸界线，应靠近所指部位，中间的分尺寸的尺寸界线可稍短，但其长度应相等，如图 1-15 所示。

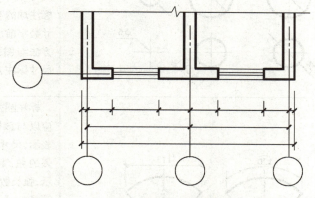

图 1-15　尺寸的排列

半径、直径、球、角度、弧长、弦长、薄板厚度、正方形、坡度以及非圆曲线等常用尺寸的标注方法见表 1-9。

表 1-9　常用尺寸标注方法

标注内容	图　例	说　明
角度标注方法	75°10′　　5°　　6° 09′ 54″	角度的尺寸线，应以圆弧线表示；该圆弧的圆心应是该角的顶点，角的两个边为尺寸界线；起止符号应以箭头表示，如没有足够位置画箭头，可用圆点代替；角度数字应沿尺寸线方向水平注写

续表

标注内容	图 例	说 明
圆弧半径的尺寸标注方法	*R*40 *R*100 *R*120 *R*32 *R*32 *R*20 *R*6	半径的尺寸线应一端从圆心开始,另一端画箭头指至圆弧;半径数字前应加注半径符号"*R*";较大和较小圆弧的半径,可按图例形式标注
圆直径的尺寸标注方法	φ900 φ900 φ48 φ48 φ16 φ24 φ24 φ6	标注圆的直径尺寸时,直径数字前应加直径符号"φ";在圆内标注的尺寸线应通过圆心,两端画箭头指至圆弧。较小圆的直径尺寸,可标注在圆外,见示例图。标注球的半径尺寸时,应在尺寸数字前加注符号"*SR*"。标注球的直径尺寸时,应在尺寸数字前加注符号"*S*φ";注写方法与图弧半径和圆直径的尺寸标注方法相同
弧长、弦长标注方法	⌒120 113	标注圆弧的弧长时,尺寸线应以与该圆弧同心的圆弧线表示,尺寸界线应垂直于该圆弧的弦,起止符号用箭头表示,弧长数字上方应加注圆弧符号"⌒"。标注圆弧的弦长时,尺寸线应以平行于该弦的直线表示,尺寸界线应垂直于该弦,起止符号用中粗斜短线表示
薄板厚度标注方法	t10 160 220 70 180 300	在薄板板面标注板厚尺寸时,应在厚度数字前加厚度符号"t"

标注内容	图　例	说　明
标注正方形尺寸	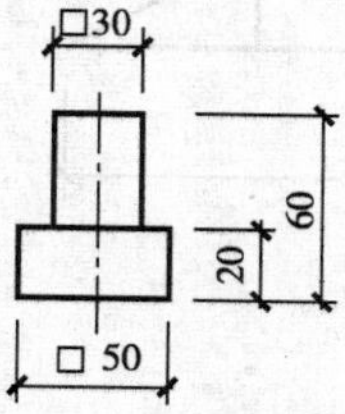	标注正方形的尺寸,可用"边长×边长"的形式,也可在边长数字前加正方形符号"□"
坡度标注方法	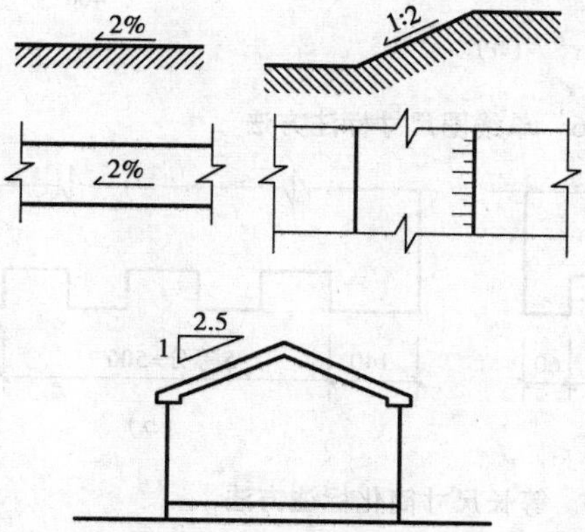	标注坡度时,应加注坡度符号"◢",该符号为单面箭头,箭头应指向下坡方向;坡度也可用直角三角形的形式标注
坐标法标注曲线尺寸	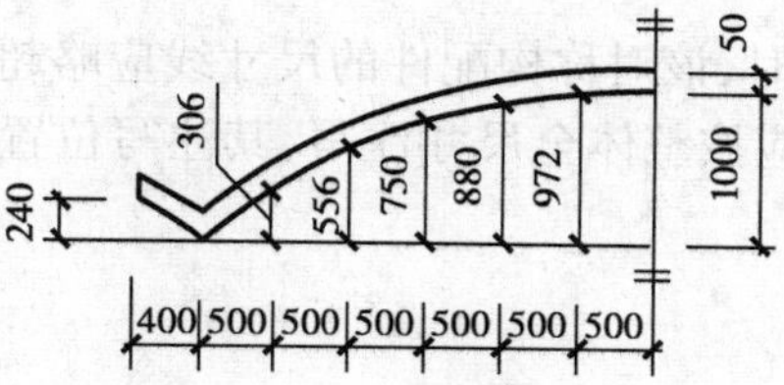	用坐标形式标注尺寸
网格法标注曲线尺寸	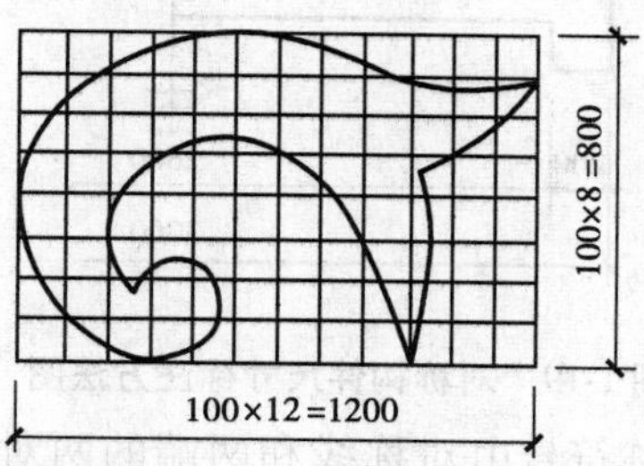	用网格形式标注尺寸

(四)尺寸的简化标注

(1)杆件或管线的长度,在单线图(桁架简图、钢筋简图、管线图等)上,可直接将尺寸数字沿杆件或管线的一侧注写,如图1-16所示。

(2)连续排列的等长尺寸,可用"等长尺寸×个数＝总长"或"等分×个数＝总长"的形式标注,如图1-17所示。

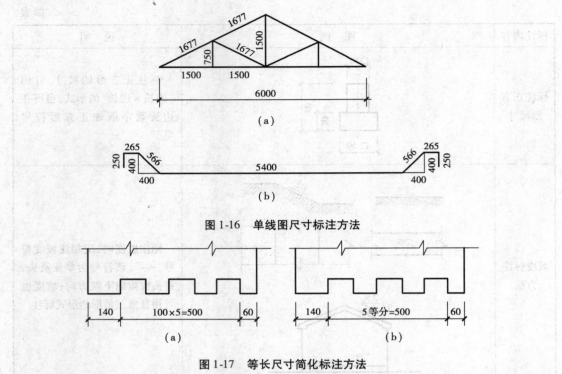

图 1-16　单线图尺寸标注方法

图 1-17　等长尺寸简化标注方法

（3）构配件内的构造要素（如孔、槽等）如相同，可仅标注其中一个要素的尺寸，如图 1-18 所示。

（4）对称构配件采用对称省略画法时，该对称构配件的尺寸线应略超过对称符号，仅在尺寸线的一端画尺寸起止符号，尺寸数字应按整体全尺寸注写，其注写位置宜与对称符号对齐，如图 1-19 所示。

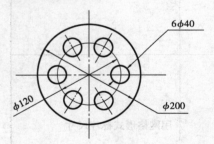

图 1-18　相同要素尺寸标注方法

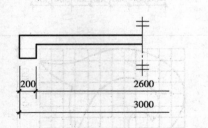

图 1-19　对称构件尺寸标注方法图　　图 1-20　对称符号

对称符号由对称线和两端的两对平行线组成。对称线用细单点长画线绘制；平行线用细实线绘制，其长度宜为 6 ~ 10 mm，每对的间距宜为 2 ~ 3 mm；对称线垂直平分于两对平行线，两端超出平行线宜为 2 ~ 3 mm，如图 1-20 所示。

（5）两个构配件，如仅个别尺寸数字不同，可在同一图样中将其中一个构配件的不同尺寸数字注写在括号内，该构配件的名称也应注写在相应的括号内，如图 1-21 所示。

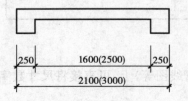

图 1-21　相似构件尺寸标注方法

（6）数个构配件，如仅某些尺寸不同，这些有变化的尺寸数字，可用拉丁字母注写在同一图样中；另列表格写明其具体尺寸，如图1-22所示。

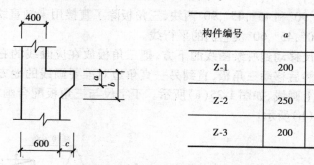

构件编号	a	b	c
Z-1	200	400	200
Z-2	250	450	200
Z-3	200	450	250

图1-22 相似构配件尺寸表格式标注方法

第二节 尺规绘图的工具及使用方法

一、图板和丁字尺

图板是用作画图时的垫板。其板面一般是用胶合板制成，四边镶有较硬木材做成的边框。要求板面平坦光洁，软硬适度，四周工作边要平直。图板的大小有各种不同规格，一般有0号、1号、2号、3号等几种，可根据需要而选定。

丁字尺由相互垂直的尺头和尺身组成，尺身画有刻度的一边叫工作边，工作边必须平直光滑，如图1-23所示。

图1-23 图板和丁字尺

丁字尺主要用来画水平线，并且只能沿尺身上的工作边画线。作图时左手把住尺头，使尺头的内侧面紧靠图板的左侧边缘，然后上下移动丁字尺，直至工作边对准要画线的地方，再从左向右画水平线。画较长的水平线时，可把左手滑过来按住尺身，以防止尺尾翘起和尺身摆动。在画同一张图纸时，尺头不可以在图板的其他边滑动，以避免图板各边不成直角时，画出的线不准确，如图1-24所示。

使用完图板和丁字尺后，应妥善保管，图板不可用重物压、水洗和在日光下曝晒；丁字尺宜竖直挂起来，以避免尺身弯曲变形或折断，不可用丁字尺击物和用刀片沿尺身工作边裁纸。

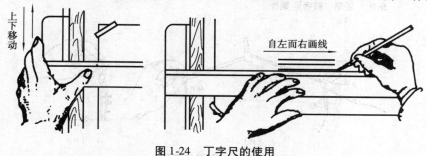

图1-24 丁字尺的使用

二、三角板

　　一副三角板有 30°,60°,90° 和 45°,45°,90° 两块,三角板除了直接用来画直线外,还可以配合丁字尺画铅垂线和 15°,30°,45°,60° 及它们的平行线。

　　画铅垂线时,先将丁字尺移动到所绘图线的下方,把三角板放在应画线的右方,并使一直角边紧靠丁字尺的工作边,然后移动三角板,直到另一直角边对准要画线的地方,再用左手按住丁字尺和三角板,自下而上画线,如图 1-25(a)所示。丁字尺与三角板配合画斜线及其平行线时,其运笔方向如图 1-25(b)所示。

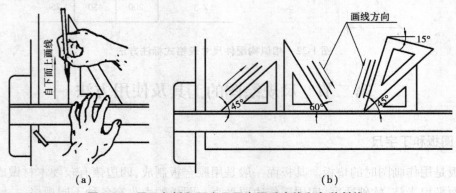

图 1-25　用三角板和丁字尺配合画垂直线和各种斜线

三、圆规、分规

(一)圆规

　　圆规是用来画圆或圆弧的工具。圆规的一腿为可紧固的活动钢针,其中有台阶状的一端多用来加深图线时用,尽量使圆心针孔为最小;另一腿上附有插脚,根据不同用途可换上铅芯插脚、钢针插脚、鸭嘴笔插脚、针管笔插脚、接笔杆(供画大圆用)等,如图 1-26(a)所示。

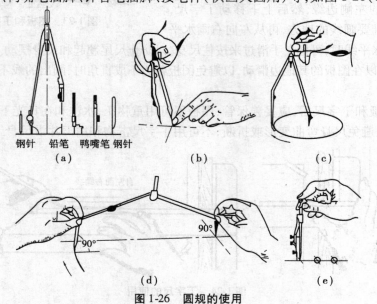

图 1-26　圆规的使用

画圆时,首先调整铅芯与针尖的距离等于所画圆的半径,再用左手食指将针尖送到圆心上轻轻插住,尽量不使圆心扩大,并使笔尖与纸面的角度接近垂直,如图1-26(b)所示;然后右手转动圆规手柄,转动时,圆规应向画线方向略为倾斜,速度要均匀,沿顺时针方向画圆,整个圆一笔画完如图1-26(c)所示。在绘制较大的圆时,可将圆规两插杆弯曲,使它们仍然保持与纸面垂直,如图1-26(d)所示。直径在10 mm以下的圆,一般用点圆规来画。使用时,右手食指按顶部,大拇指和中指夹住套管顶部,将管往上提,再把针尖置于圆心处,放下套管,使笔尖与纸面接触,用大拇指和中指按顺时针方向迅速地旋动套管,画出小圆,如图1-26(e)所示。需要注意的是,画圆时必须保持针尖垂直于纸面,圆画出后,要先提起套管,然后拿开点圆规。

(二)分规

如图1-27所示,分规是用来量取线段长度、等分线段和圆弧的工具。分规的两个腿合拢时,两针尖应会合成一点。

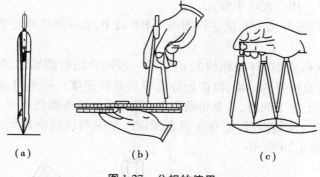

(a)　　　　　(b)　　　　　(c)

图1-27　分规的使用

四、比例尺

比例尺是绘图时用来放大或缩小实际线段尺寸的尺子,即将实际长度的线段按比例画在图纸上时,用比例尺直接量取,而不必通过计算。比例尺有的做成三棱柱状,称为三棱尺,如图1-28(a)所示。三棱尺上刻有6种刻度,如有的为1:100,1:200,1:300,1:400,1:500,1:600;而有的三棱尺当中某些刻度却不相同,如有1:150,1:350等的刻度。一种刻度即为一种比例。有的做成直尺形状,称为比例尺,如图1-28(b)所示,它只有一行刻度和3行数字,一行数字表示一种比例,共3种比例,即1:100,1:200,1:500。

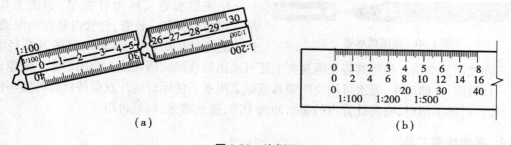

(a)　　　　　　　　　　　(b)

图1-28　比例尺

比例尺的用法如下:

如比例尺的刻度为1:100,即指尺子上1个单位(如1 cm)长,实际长度就为100个单位

(100 cm)长,这样画出来的图线长度只有实际长度的 1/100。比例尺的其他刻度计算方法相同。

1:100 的比例也可当作 1:10 或 1:1000 的比例来使用,此时尺子上 1 个单位(如 1 cm)长,就代表了实际长度 10 个单位(10 cm)或 1000 个单位(1000 cm)长。这样画出来的图线长度就只有实际长度的 1/10 或 1/1000。

把 1:500 的刻度作为 1:250 用时,可把按 1:500 量得的长度延长 1 倍,如实际长度为 500 cm,按 1:500 的刻度就量得 1 cm 长,当作 1:250 时就量得 2 cm 长。

比例尺是用来量取尺寸的,不可用来画线。

五、铅笔

绘图铅笔以铅芯的软硬程度分类,以字母"B"表示软,"H"表示硬,字母前面的数字越大,表示铅芯越软或越硬,"HB"表示中软。

画图时,画底稿宜用 H 或 2H,徒手作图可用 HB 或 B,加深细线或写字用 HB,加深中粗或粗线用 B 或 2B。

铅笔尖应削成锥形或矩形(画粗线),削好后一般用砂纸打磨铅芯,铅芯露出 6 ~ 8 mm。削铅笔时要注意保留有标号的一端,以便始终能识别其软硬度。运笔时,用力要均匀,用力过大会划破图纸或在纸上留下凹痕,甚至折断铅芯,用力过小线条颜色不黑。从正面看,笔身应向走笔方向倾斜约 60°;从侧面看,笔身应铅直图面。笔尖与尺边距离始终保持一致,线条才能画得平直准确,如图 1-29 所示。

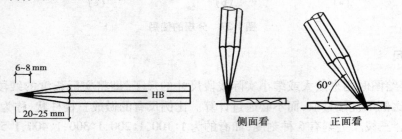

图 1-29 铅笔

六、绘图墨水笔

图 1-30 绘图墨水笔

绘图墨水笔又称为针管笔,如图 1-30 所示。它的笔头是一针管,针管内装有一根通针,针管的孔径从 0.1 ~ 1.2 mm,可按其孔径的大小绘不同宽窄的线段。如将其装在圆规夹上还可画出墨线圆或圆弧线。绘图墨水笔能像普通钢笔一样吸取、存储墨水,墨水可用绘图墨水或碳素墨水。使用时应注意保持针管外壁不沾染墨水,较长时间不用时,应将针管内的墨水冲洗干净,防止堵塞,以利再用。

七、其他绘图工具

(一)建筑模板

建筑模板上刻有建筑图中常用的一些图例和符号的孔,如图 1-31 所示。绘图时按要求可直接使用模板绘制,这样可提高绘图质量和速度。

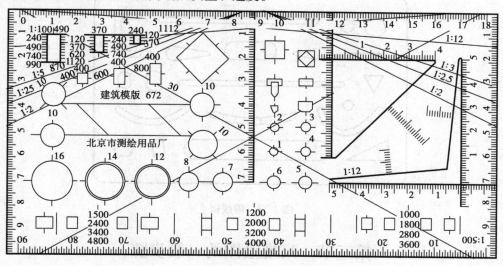

图 1-31　建筑模板

(二)曲线板

曲线板是画非圆曲线的专用工具,其形式多样,板的内(孔)外轮廓线的曲率各不相同,利用这些轮廓线就可画出各种曲率的曲线。其用法如图 1-32 所示,先定出曲线上若干点,并徒手用铅笔轻轻地将各点连成曲线,然后找出曲线板上与所画曲线吻合的部位,依此分段画出。注意每画下一段时,都应有一小段与上一段曲线重合,这样曲线才显得圆滑。

(三)擦线板

擦线板是一种专供修改铅笔图的工具。擦线板常用金属片或薄塑料片制成,上面刻有各种形状的槽孔,如图 1-33 所示。使用时将画错了的线段在板上适当的小孔中露出并擦掉,保护邻近的图线不受影响。擦墨线时要待墨线完全干透之后进行。

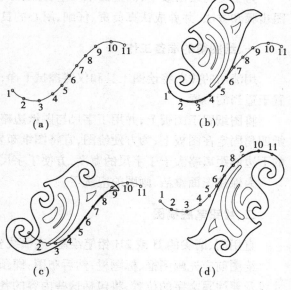

图 1-32　曲线板的使用

此外在绘图中,还需准备以下绘图用品:粘贴图纸用的胶纸带、橡皮、削铅笔用的小刀、清洁图纸用的毛刷、擦拭丁字尺和三角板工作边的小布块及打磨铅笔芯用的细砂纸等。

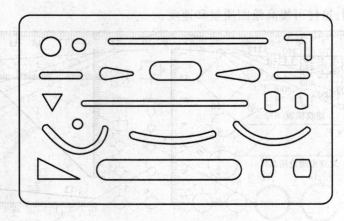

图 1-33　擦线板

第三节　尺规绘图的一般步骤

为了提高绘图效率,保证图纸质量,除能正确、熟练使用绘图工具外,还必须掌握正确的绘图步骤和方法,并养成认真负责、仔细、耐心的良好习惯。

一、绘图前的准备工作

用清洁的抹布将绘图工具和仪器擦拭干净;削、磨好铅笔及圆规上的铅芯,并将绘图工具置于适当的位置。

将图纸置于图板上,并用丁字尺与图纸边略对齐,使图纸平整和绷紧,然后用胶带纸将图纸四角固定在图板上,为方便绘图,宜将图纸布置在图板的左下方,但要使图纸的底边与图板的下边的距离略大于丁字尺的宽度,方便丁字尺的放置。

为保持图面整洁,画图前应洗手。

二、绘铅笔底稿图

宜用削、磨尖的 H 或 2H 铅笔绘制,底稿线要细而淡。

绘图前应先画图框、标题栏;然后布图:即预先按确定的比例计算出各图形的大小、预留尺寸线及要注写文字的位置,将包括这些内容的各部分均匀地安排在图纸上,使各部分之间、各部分与图框线之间的距离大致相等,避免某部分太挤或某部分过于宽松。

开始画图时,一般先画轴线或中心线,然后画图形的主要轮廓线,再画图形的次要轮廓线,最后画细部,即从大画到小,从外画到内。图形完成后,再画尺寸线、尺寸界线、起止符号、按字号要求打好字格和数字导线等。材料图例在底稿中可不画,待加深后再全部画出。

三、铅笔加深图线

一般用 2B 铅笔加深粗线,用 B 铅笔加深中粗线,用 HB 铅笔加深细线和画箭头。加深圆时,圆规的铅芯应比画直线的铅芯软一级。在加深前,要认真校对底稿,修正错误和填补遗漏;底稿经查无误后,擦去多余的线条和污垢。用铅笔加深图线用力要均匀,画线速度要平稳,努力做到同一条线粗细一致、全图同宽线条粗度一致。画线次序大致是:从上到下,从左到右,先曲后直,先粗后细。加深时还应做到线型正确、粗细分明,图线与图线的连接要光滑、准确,图面要整洁。

四、完成全图

加深完图线后,才开始注写尺寸数字和文字,经检查无误后裁下图边,完成全图。

第二章 投影的基本知识

我们平时看到的立体图与观看实物所得的印象比较一致。这种立体图立体感强,容易看懂(图 2-1(a)),但这种图不能准确地反映该物体的真实形状和大小,因此不能满足工程的需要,不能作为施工用图。工程中多采用正投影图,用几个图综合起来反映一个物体的形状和大小(图 2-1(b))。

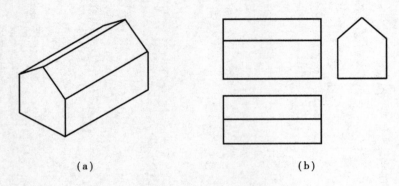

(a)   (b)

图 2-1 立体图和投影图

一切物体都占有一定的空间,点、线、面是组成物体的基本几何元素。这些元素的构成所占有的空间部分称为形体。

画法几何学是运用投影法研究在平面上表示空间形体的图示法和解答空间几何问题的图解法的学科。

画法几何学能培养和提高人们的空间想象能力、空间思维能力、逻辑思维能力和分析能力。

第一节 投影概念

一、投影概念

如图 2-2 所示,空间有两个点 S、A 和一个平面 P,由点 S 作一条射线通过点 A 再延长与平面 P 相交,交点 a 就是点 A 在平面 P 上的投影。点 S 称为投射中心,射线称为投射线,平面 P 就称为投影面。当为一形体(如四棱台)时,过形体上各点的投射线与投影面相交,将相应各交点连接起来,即得到形体的投影。这样形成的图形称为投影图。此种形成投影的方法称为投影法。

二、投影法分类

根据投射中心(S)与投影面的距离,投影法可分为两类。

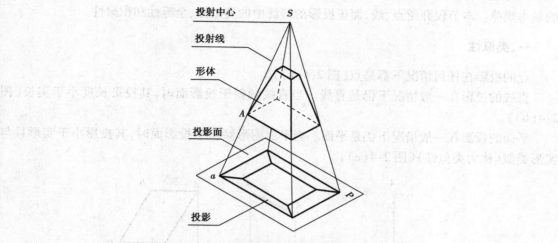

图 2-2　投影的形成（中心投影）

（一）中心投影法

当投射中心（S）与投影面的距离有限时，由 S 点放射的投射线所产生的投影称为中心投影（图 2-2）。这种投影法称为中心投影法。

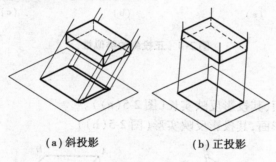

（a）斜投影　　　　　（b）正投影

图 2-3　平行投影

（二）平行投影法

当投射中心距投影面无穷远时，各投射线可视为互相平行，由此产生的投影称为平行投影（图 2-3）。平行投影中光线的方向称为投射方向，这种投影法称为平行投影法。根据互相平行的投射线与投影面的夹角不同，平行投影可分为两种。投射线与投影面斜交时称为斜投影（图2-3（a））；投射线与投影面垂直相交时称为正投影（图 2-3（b））。

按照"观者—形体—投影"的顺序，在投影图上形体的可见轮廓线用实线表示，不可见轮廓线用虚线表示。

一般工程图都是按正投影的原理绘制的，为叙述方便起见，如无特殊说明，以后书中所指"投影"即"正投影"。

第二节　正投影的特征

一切形体都是由面（平面或曲面）组成，而面可以看成是线（直线或曲线）运动的轨迹，线又可以看成是点运动的轨迹。因此下面先介绍点、线、面正投影的特征，然后介绍形体正投影的基本规律。本节仅介绍点、线、面正投影的特征中的类似性、全等性和积聚性。

一、类似性

点的投影在任何情况下都是点(图2-4(a))。

直线的投影在一般情况下仍是直线。当直线倾斜于投影面时,其投影长度小于实长(图2-4(b))。

平面的投影在一般情况下仍是平面。当平面图形倾斜于投影面时,其投影小于实形且与实形类似(称为类似性)(图2-4(c))。

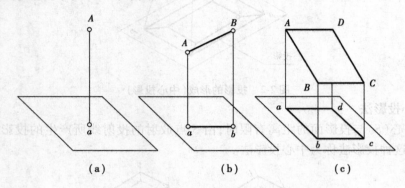

(a)　　　　　　　　(b)　　　　　　　　(c)

图2-4　正投影的类似性

二、全等性

直线段平行于投影面,其投影反映实长(图2-5(a))。

平面图形平行于投影面,其投影反映实形(图2-5(b))。

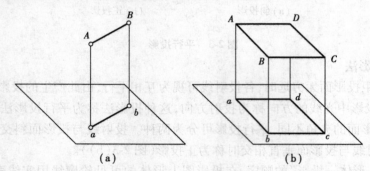

(a)　　　　　　　　　　(b)

图2-5　正投影的全等性

三、积聚性

直线垂直于投影面,其投影积聚成一点,属于直线上任一点的投影也积聚在该点上(图2-6(a))。

平面垂直于投影面,其投影积聚成一直线,属于平面上任一点、任一直线、任一图形的投影也都积聚在该直线上(图2-6(b))。

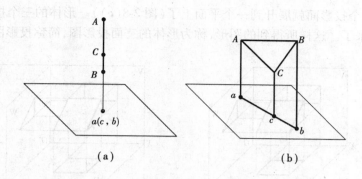

图 2-6　正投影的积聚性

第三节　三面投影图

一、三面投影图的形成

为了准确地将形体的形状和尺寸反映在平面的图纸上,仅作一个单面投影图是不够的,因为一个投影图仅能反映该形体某些面的形状,不能表现出形体的全部形状。如图 2-7,三个不同的形体在投影面 H 上的投影完全相同,如无其他投影,就不能确定这些形体的全部形状。

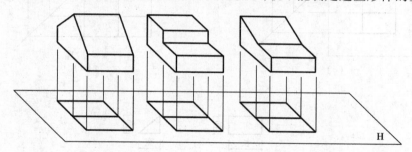

图 2-7　形体的单面投影图

如果将形体正放在三个互相垂直的投影面之间,并分别向三个投影面进行投影,就能得到该形体在三个投影面上的投影图,将这三个投影图结合起来观察,就能准确地反映出该形体的形状和大小(图 2-8(a))。

这三个互相垂直的投影面分别为水平投影面(或称 H 面,用字母 H 表示)、正立投影面(或称 V 面,用字母 V 表示)和侧立投影面(或称 W 面,用字母 W 表示)。这三个投影面组合起来就构成了三面投影体系。三个投影面两两相交构成的三条轴称为 OX,OY,OZ 轴,三条轴的交点(O)称为原点。形体在三个投影面上的投影分别称为水平投影、正面投影和侧面投影。

二、三面投影图的展开

由于形体的三个投影分别在三个面上(不共面),因此无法绘制在同一平面图纸上,为此,需将三个投影面进行展开,使其共面。

假设 V 面保持不动,将 H 面绕 OX 轴向下旋转 $90°$,将 W 面绕 OZ 轴向右旋转 $90°$,如图

2-8(b)所示,则三个投影面就展开到一个平面上了(图2-8(c))。形体的三个投影就可在一张平面图纸上画出来了。这样所得到的图形,称为形体的三面投影图,简称投影图。

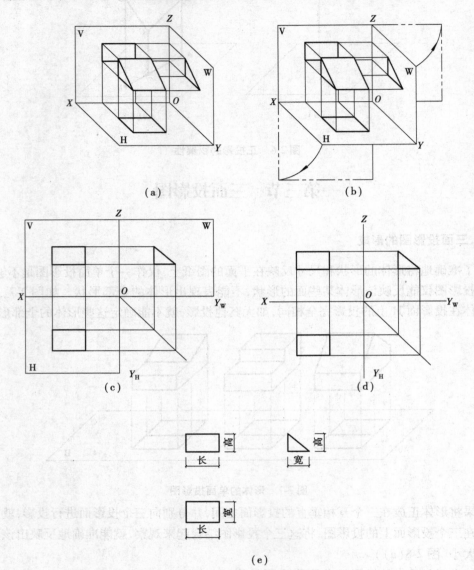

图2-8 三面投影体系的形成和展开

三面投影图展开后,三条轴就成了两条互相垂直的直线,原来的 OX 轴、OZ 轴的位置不动,OY 轴一分为二,成为 Y_H 轴和 Y_W 轴。

为简化图示,可将 H,V,W 三个投影面扩大(物体的三个投影不会变),此时投影面的边框线可不画出来,但投影轴还在,如图2-8(d)所示;当将物体的三个投影按在原投影面的位置放置时,可将投影轴也取消,其原来的相互关系不会变,如图2-8(e)所示。

三、三面投影图的基本规律

从形体的三面投影图的形成和展开的过程可以看出,形体的三面投影之间有一定的关系。

设轴向 X,Y,Z 分别表示形体的长、宽、高方向,则水平投影反映出形体的长和宽以及左右、前后关系;正面投影反映出形体的长和高以及左右、上下关系;侧面投影反映出形体的宽和高以及前后、上下关系。从上述分析可以看出:水平投影和正面投影都反映出形体的长度,且左右是对齐的,简称"长对正";正面投影和侧面投影都反映出形体的高度,且上下是对齐的,简称"高平齐";水平投影和侧面投影都反映出形体的宽度,简称"宽相等"。因此三面投影图的三个投影之间的关系可以归结为"长对正、高平齐、宽相等",简称"三等关系"。

三面投影图与投影轴的距离,反映出形体与三个投影面的距离,与形体本身的形状无关,因此作图时一般可不必画出投影轴(图 2-8(e))。

【例 2-1】 根据形体的轴测投影图画其三面投影图(图 2-9)。

【解】 (1)选择形体在三面投影体系中放置的位置时应遵循下列原则:

①应使形体的主要面尽量平行于投影面,并使 V 面投影最能表现形体特征;

②应使形体的空间位置符合常态,若为工程形体应符合工程中形体的正常状态;

③在投影图中应尽量减少虚线。

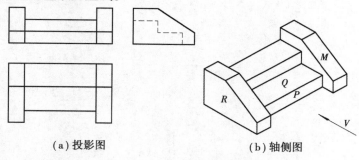

(a)投影图   (b)轴侧图

图 2-9 根据形体的轴测图画其三面投影图

(2)对形体各表面进行投影分析(图 2-9(a))。

①平面 P 及其平行平面平行于 V 面,其 V 面投影反映实形;其 H 面投影、W 面投影分别积聚为 OX、OZ 轴的平行线。

②平面 Q 及其平行平面平行于 H 面,其 H 面投影反映实形,其 V 面投影积聚为 OX 轴的平行线;其 W 面投影积聚为 OY_W 轴的平行线。

③平面 R 及其平行平面平行于 W 面,其 W 面投影反映实形;其 H 面投影、V 面投影分别积聚为 Y_H 轴、OZ 轴的平行线。

④平面 M 垂直于 W 面,其 W 面投影积聚成一斜线;其 H 面投影、V 面投影均为类似形。

(3)绘制三面投影图。

在图 2-9(a)的位置将该形体放入三面投影体系中,按箭头所指方向为 V 面投影的方向。绘图时应利用各种位置平面的投影特征和投影的"三等关系",即 H 面、V 面投影中各相应部分应用 OX 轴的垂直线对正(等长);V 面、W 面投影中各相应部分应用 OX 轴的平行线对齐(等高);H 面、W 面投影中各相应部分就"等宽",依次画出形体的三面投影图。同时应注意中间两踏步在 W 面投影中由于看不见积聚成虚线。

思 考 题

1. 画法几何学的任务是什么？
2. 投影法是如何分类的？各有什么特点？
3. 正投影的特征是什么？
4. 三面投影体系是如何建立的？
5. 三面投影图的基本规律是什么？

第三章　点

第一节　点的三面投影

点是构成形体的最基本元素,点只有空间位置而无大小。

一、点的三面投影的形成

图 3-1(a)是空间点 A 的三面投影的直观图,即过 A 分别向 H,V,W 面的投影为 a,a',a''。图 3-1(b)是三个投影面及展开的过程,图 3-1(c)是点 A 的三面投影图。

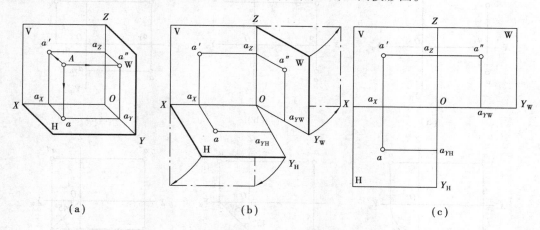

（a）　　　　　　　（b）　　　　　　　（c）

图 3-1　点的三面投影

约定:空间点用大写字母表示(如 A),其在 H 面上的投影称为水平投影,用相应的小写字母表示(如 a);在 V 面上的投影称为正面投影,用相应的小写字母并在右上角加一撇表示(如 a');在 W 面上的投影称为侧面投影,用相应的小写字母并在右上角加两撇表示(如 a'')。

二、点的投影规律

由图 3-1(a)可以看出,过空间点 A 的两条投影线 Aa 和 Aa' 所决定的平面,与 V 面和 H 面同时垂直相交,交线分别是 aa_X 和 $a'a_X$,因此 OX 轴必然垂直于平面 Aaa_Xa',也就垂直于 aa_X 和 $a'a_X$。而 aa_X 和 $a'a_X$ 是互相垂直的两条直线,当 H 面绕 X 轴旋转至与 V 面成为同一平面时,aa_X 和 $a'a_X$ 就成为一条垂直于 OX 轴的直线,即 $aa' \perp OX$,如图 3-1(c)。同理,$a'a'' \perp OZ$。a_Y 在投影面展平之后,被分为 a_{YH} 和 a_{YW} 两个点,所以 $aa_{YH} \perp OY_H$,$a''a_{YW} \perp OY_W$,即 $aa_X = a''a_Z$。

从上面分析可以得出点的投影规律:

(1)点的 V 面投影和 H 面投影的连线必定垂直于 X 轴,即 $a'a \perp OX$。

(2)点的 V 面投影和 W 面投影的连线必定垂直于 Z 轴,即 $a'a'' \perp OZ$。

（3）点的 H 面投影到 X 轴的距离等于 W 面投影到 Z 轴的距离，即 $aa_X = a''a_Z$。

这三项正投影规律，就是称之为"长对正、高平齐、宽相等"的三等关系。从图 3-1（a）中还可看出，$a'a_X = a''a_Y = Aa$，其中 Aa 是空间点 A 到 H 面的距离，即空间点 A 在 V 面的投影 a' 到 OX 轴的距离等于空间点 A 的 W 面投影 a'' 到 OY_W 轴的距离。它们都等于空间点 A 到 H 面的距离；$aa_X = a''a_Z = Aa'$，其中 Aa' 是空间点 A 到 V 面的距离，即空间点 A 在 H 面的投影 a 到 OX 轴的距离等于空间点 A 在 W 面的投影 a'' 到 OZ 轴的距离。它们都等于空间点 A 到 V 面的距离；$a'a_Z = aa_Y = Aa''$，其中 Aa'' 是空间点 A 到 W 面的距离，即空间点 A 在 V 面投影 a' 到 OZ 轴的距离等于空间点 A 在 H 面投影 a 到 OY_H 轴的距离。它们都等于空间点 A 到 W 面的距离。因此可以得出：点的三个投影到各投影轴的距离，分别代表空间点到相应的投影面的距离。这也说明，在点的三面投影图中，每两个投影都具有一定的联系性。因此，只要给出一点的任何两个投影，就可求出第三投影。

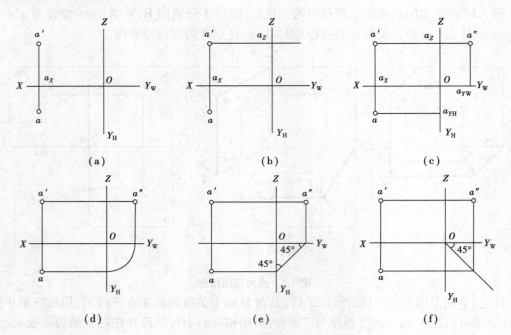

图 3-2　求一点的第三投影

例如图 3-2（a），已知点 A 的水平投影 a 和正面投影 a'，则可求出其侧面投影 a''。

（1）过 a' 引 OZ 轴的垂线 $a'a_Z$，如图 3-2（b）。

（2）在 $a'a_Z$ 的延长线上截得 $a''a_Z = aa_X$，a'' 即为所求。也可过 a 引 OY 轴的垂线 aa_{YH}，并量取 $Oa_{YH} = Oa_{YW}$，过 a_{YW} 点作 OY_W 轴的垂线，在 $a'a_Z$ 的延长线上截得 a''，也得所求，如图 3-2（c）。a'' 还可由图 3-2 中（d）、（e）、（f）的方法求得。

如空间点位于投影面上（即点的三个距离中有一个距离等于零），则它的三个投影中必有两个投影位于投影轴上。反之，空间一个点的三个投影中如有二个投影位于投影轴上，该空间点必定位于某一投影面上。如图 3-3（a），B 点位于 V 面上，则 B 点到 V 面的距离为零。C 点位于 H 面上，则 C 点到 H 面的距离为零。它们的第三投影一定在轴上，如图 3-3（b）。

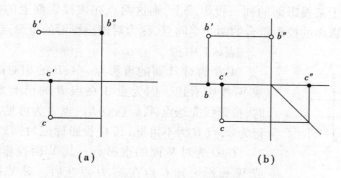

图3-3 求特殊点的第三投影

第二节 两点的相对位置

两点的相对位置是指两点间前、后、左、右、上、下的位置关系。为此,应首先了解空间一个点的这六个方位,如图3-4(a)。在每个投影中,将有两个方位相重合,如将重合的方位不标出,则得到图3-4(b)投影图上的方位关系:

在 H 面上的投影上、下重合,反映前、后、左、右的位置关系;

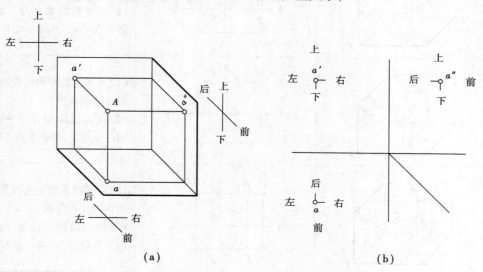

图3-4 投影图上的方位

在 V 面上的投影前、后重合,反映上、下、左、右的位置关系;

在 W 面上的投影左、右重合,反映前、后、上、下的位置关系。

在判别空间二点的相对位置时,一般是先假设其中一个点为参照点,然后由另一点相对于该点的方位来确定它们之间的相对位置。

【例3-1】 试判别 A、B 两点的相对位置,如图3-5 所示。

【解】 从图中可看出:b,b'在 a,a'之左,即点 B 在点 A 的左方。b',b''在 a',a''之上,即点 B 在点 A 的上方。b,b''在 a,a''之后,即点 B 在点 A 的后方。由此判别出点 B 在点 A 的左、上、后方,或点 A 在点 B 的右、下、前方。

当空间两点位于某投影面的同一投影线上,则这两点在该投影面上的投影,就重合在一起。这种在某一投影面的投影重合的两个空间点,称为对该投影面的重影点。

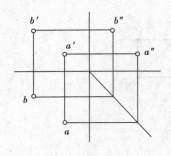

图 3-5　判别两点的相对位置

表 3-1 中:

A,B 为对 H 面的重影点。A,B 的相对高度,可由 V 投影或 W 投影看出。因为点 A 在点 B 的正上方,故向 H 面投影时,投影线先遇点 A,后遇点 B。点 A 为可见,它的 H 投影仍标记为 a,点 B 为不可见,其 H 投影标记为 (b)。

C,D 为对 V 面的重影点。其 V 面投影 $c'、d'$ 重合。从 H 或 W 投影可知 C 点在前,D 点在后。对 V 投影而言,点 C 可见,点 D 不可见。重合的投影标记为 $c'(d')$。

E,F 为对 W 面的重影点。对 W 投影而言,点 E 在左可见,点 F 在右不可见。重合的投影标记为 $e''(f'')$。

表 3-1　重影点

	直观图	投影图	投影特征
水平重影点			(1)正面投影和侧面投影反映两点的上下位置 (2)水平投影重合为一点,上面一点可见,下面一点不可见
正面重影点			(1)水平投影和侧面投影反映两点的前后位置 (2)正面投影重合为一点,前面一点可见,后面一点不可见
侧面重影点			(1)水平投影和正面投影反映两点的左右位置 (2)侧面投影重合为一点,左面一点可见,右面一点不可见

思 考 题

1. 点的三面投影图有哪些特性?

2. 根据一点的已知二投影求作第三投影有哪些方法? 为什么已知一点的二投影便能求出第三投影?

3. 重影点的定义和特征是什么?

第四章 直 线

直线的投影按照直线与投影面的相对位置不同,可分为倾斜、平行和垂直三种情况。倾斜于投影面的直线称为一般位置直线,简称一般直线;平行或垂直于投影面的直线称为特殊位置直线,简称特殊直线,如图4-1所示。

直线的投影可以由属于直线的任意两点的同面投影连以直线来确定。图4-2中,只要作出属于直线的点 $A(a,a',a'')$ 和点 $B(b,b',b'')$,将 $ab,a'b',a''b''$ 连以直线即为直线 AB 的三面投影。同时,我们约定直线与 H,V,W 面的夹角分别用 α,β,γ 来表示。直线的投影特性反映为:

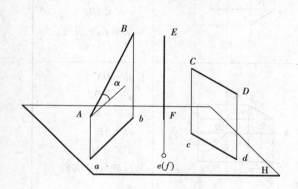

图 4-1　直线投影的三种情况

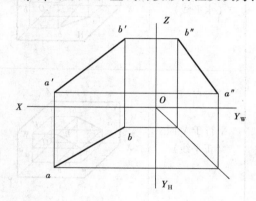

图 4-2　直线的三面投影

(1)当直线 AB 倾斜于投影面时,其投影小于实长(如 $ab = AB \cos \alpha$)。

(2)当直线 CD 平行于投影面时,其投影与直线本身平行且等长(如 $cd\quad CD$)。

(3)当直线 EF 垂直于投影面时,其投影积聚为一点。

因此,直线的投影一般仍为直线,只有当直线垂直于投影面时,其投影才积聚为一点。以上直线的各投影特性对于投影面 V 和 W 也具有同样的性质。

第一节　特殊位置的直线

一、投影面平行线

平行于某一投影面而倾斜于另两个投影面的直线,称为投影面平行线。按照直线平行于不同的投影面,我们将平行于 H,V,W 投影面的直线分别称之为水平线、正平线和侧平线。它们的直观图、投影图和投影特性见表4-1。

表中当直线 AB 平行于投影面 H 时,其投影特性如下:

直线 $AB /\!/ $ H 投影面,其 H 面投影 ab 反映线段 AB 的实长,即 $ab = AB$,且 H 面投影 ab 与 OX 轴的夹角反映直线 AB 对 V 面的倾角 β,ab 和 OY 轴的夹角反映直线对 W 面的倾角 γ。直线 AB 的 V 面投影 $a'b'$ 和 W 面投影 $a''b''$ 分别与 OX 轴和 OY 轴平行。

由表 4-1 可以看出，投影面平行线的投影特性为：

（1）直线在其所平行的投影面上的投影反映实长，且实长投影与轴的夹角反映空间直线对另两个投影面的倾角。

（2）其余二投影平行于与所平行的投影面具有的两条投影轴，并且共同垂直于另一条投影轴，该两投影的长度比实长短。

表 4-1　投影面平行线

直线的位置	直观图	投影图	投影特性
平行于 H 面（水平线）	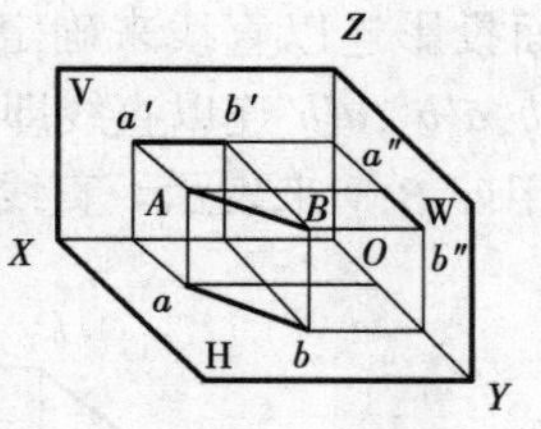	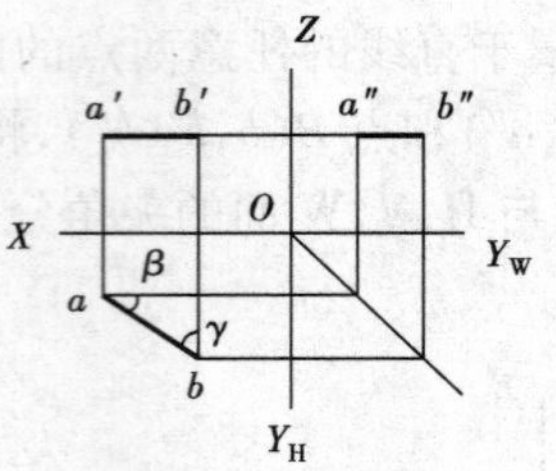	1. $a'b'$ // OX 　$a''b''$ // OY_W 2. $ab = AB$ 　$a'b' < AB$ 　$a''b'' < AB$ 3. 反映 β, γ 实角
平行于 V 面（正平线）	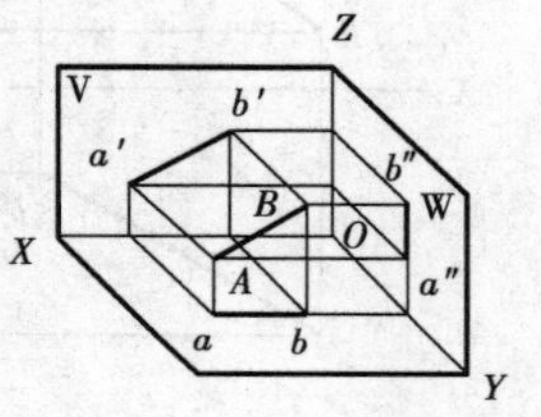	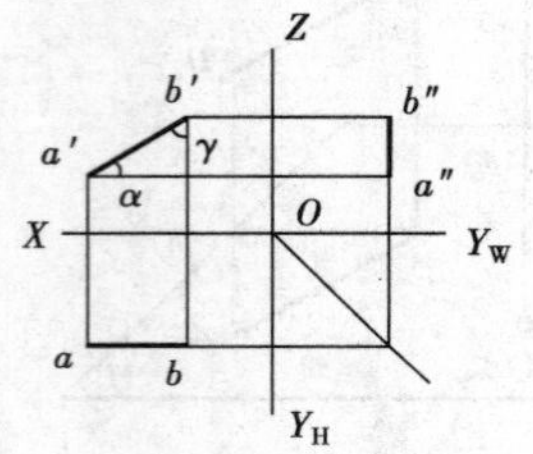	1. ab // OX 　$a''b''$ // OZ 2. $a'b' = AB$ 　$ab < AB$ 　$a''b'' < AB$ 3. 反映 α, γ 实角
平行于 W 面（侧平线）	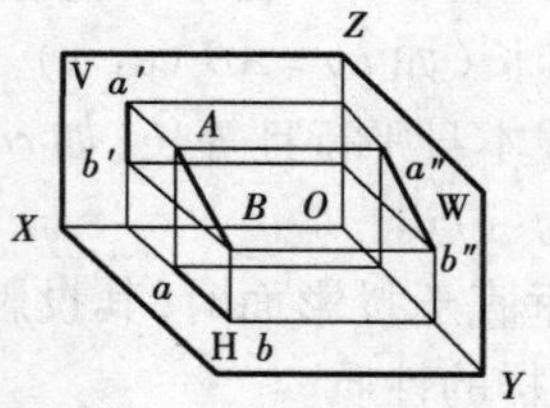	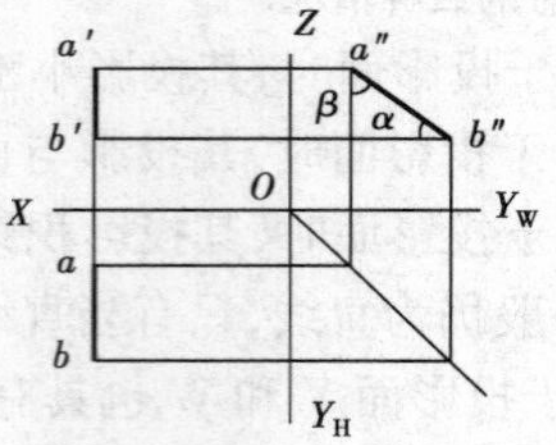	1. $a'b'$ // OZ 　ab // OY_H 2. $a''b'' = AB$ 　$a'b' < AB$ 　$ab < AB$ 3. 反映 α, β 实角

二、投影面垂直线

垂直于某一投影面的直线，称为该投影面垂直线。按照直线垂直于不同的投影面，我们将垂直于 H,V,W 投影面的直线分别称之为铅垂线、正垂线和侧垂线。它们的直观图、投影图和投影特性见表 4-2。

表中当直线 AB 垂直于投影面 H 时，其投影特性如下：

直线 $AB \perp$ H 投影面，其 H 面投影积聚为一点 $a(b)$，V 面投影 $a'b' \perp OX$ 轴，W 面投影 $a''b'' \perp OY$ 轴。

从表 4-2 中可以看出，投影面垂直线的投影特性为：

（1）直线在其所垂直的投影面上的投影积聚为一点。

（2）其余二投影均为直线，且反映实长；还垂直于与所垂直的投影面具有的两条投影轴，并且共同平行于另一条投影轴。

表4-2 投影面垂直线

直线的位置	直观图	投影图	投影特性
垂直于 H 面（铅垂线）			1. ab 积聚成一点 2. $a'b' \perp OX$ $a''b'' \perp OY_W$ 3. $a'b' = a''b'' = AB$
垂直于 V 面（正垂线）			1. $a'b'$ 积聚成一点 2. $ab \perp OX$ $a''b'' \perp OZ$ 3. $ab = a''b'' = AB$
垂直于 W 面（侧垂线）			1. $a''b''$ 积聚成一点 2. $ab \perp OY_H$ $a'b' \perp OZ$ 3. $ab = a'b' = AB$

第二节　一般位置直线

一、一般位置直线的投影特性

与 H，V，W 三个投影面均倾斜的直线称为一般位置直线，简称一般直线。图 4-3（a）表示一般位置直线 AB 的直观图，直线 AB 与 H，V，W 面的倾角分别用 α,β,γ 表示。图 4-3（b）表示一般位置直线 AB 的三面投影图。其投影特性如下：

（1）由于直线 AB 倾斜于三个投影面，故直线在三个投影面上的投影均倾斜于投影轴。

（2）各投影与投影轴的夹角不反映直线 AB 对投影面的倾角。

（3）各投影的长度均小于直线 AB 的实长，分别为：

$$ab = AB \cos \alpha$$

$$a'b' = AB \cos \beta$$

$$a''b'' = AB \cos \gamma$$

$$（\alpha,\beta,\gamma \text{ 在 } 0° \sim 90° \text{ 范围内}）$$

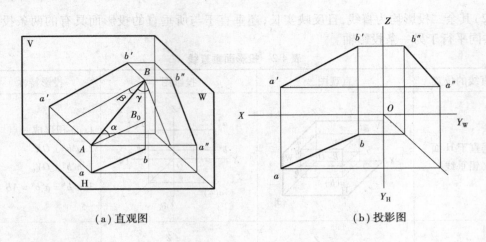

（a）直观图 　　　　　　　　　　　　（b）投影图

图 4-3　一般位置直线的投影

二、线段的实长和倾角

由于一般位置线段的三个投影均不反映该线段的实长及其对投影面的倾角。那么，怎样根据一般位置线段的投影来求线段的实长和倾角呢？下面用直角三角形法来解决一般位置线段的实长及倾角的求法。

图 4-4（a）所示，空间线段 AB 和它的 H 面投影 ab，V 面投影 $a'b'$ 以及线段 AB 对 H 面的倾角 α。现在，过点 A 引 $AB_0 /\!/ ab$，交 Bb 于 B_0 点。故 $\angle BAB_0 = \alpha$。由于 $Bb \perp$ H 面，所以 $\triangle AB_0B$ 是一直角三角形，斜边 AB 是实长（常用 SC 来表示实长）。

在直角 $\triangle AB_0B$ 中：

$$AB_0 = ab = 线段的 \text{ H } 面投影$$

$$BB_0 = Bb - Aa = Z_B - Z_A$$

式中，$Z_B - Z_A$ 为点 B 和点 A 到 H 面的距离差。

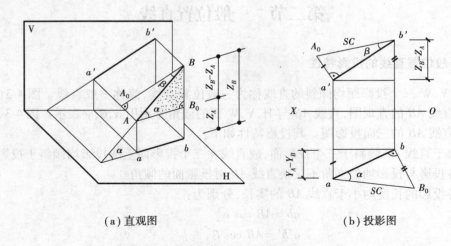

（a）直观图 　　　　　　　　　　　　（b）投影图

图 4-4　求一般位置线段 AB 的实长及倾角

在图 4-4（b）中，ab，$a'b'$ 均为已知，因此就知道了它们各投影的坐标值，故只需利用一个投影及线段两端点对该投影面的距离差为两条直角边作直角三角形,其斜边就是线段 AB 的实长,斜边与投影的夹角(即距离差所对的角)便是直线对该投影面的倾角。

如果我们要求线段 AB 的实长以及对 H 面的倾角 α,则以水平投影 ab 为一条直角边,然后过 b(或 a)引 ab 的垂线,并在该垂线上量取 $bB_0 = Z_B - Z_A$,连 aB_0,即为线段 AB 的实长,aB_0 与 ab 的夹角(即 bB_0 边所对的角)便是 AB 对 H 面的倾角。

同理,也可以利用 AB 的 V 面投影 $a'b'$ 来求线段 AB 的实长及其对 V 面的倾角 β。

在图 4-4(a)中,过点 B 引 BA_0 平行于 $a'b'$,是 $\triangle AA_0B$ 是一个直角三角形,其斜边仍是空间线段。AB,AB 与 BA_0 之间的夹角便是线段 AB 对 V 面的倾角 β。

在直角 $\triangle AA_0B$ 中:

$$BA_0 = a'b'$$

$$AA_0 = Y_A - Y_B$$

所以在图 4-4(b)的投影作图中,以 $a'b'$ 为一条直角边,过 a'(或 b')作 $a'b'$ 的垂线,在该垂线上量取 $a'A_0 = Y_A - Y_B$,连 A_0b',即为线段 AB 的实长,A_0b' 与 $a'b'$ 的夹角便是线段 AB 对 V 面的倾角 β。

由此可知,若求线段的实长和 α 角时,就以 H 面投影 ab 为一条直角边,以线段两端点对 H 面的距离差为另一条直角边作直角三角形。若求线段的实长和 β 角时,则以 V 面投影 $a'b'$ 为一条直角边,以线段两端点对 V 面的距离差为另一条直角边作直角三角形。若只需求线段的实长,则利用 H 或 V 面投影作直角三角形均可。

综上所述,在投影图上求线段的实长和倾角的方法是:以线段在某个投影面上的投影为一条直角边,以线段的两端点到该投影面的距离差为另一条直角边作直角三角形,该直角三角形的斜边就是所求线段的实长,而此斜边与投影的夹角,就是该线段对该投影面的倾角。

以上求一般位置线段的实长和倾角的方法,称为直角三角形法。此直角三角形中,包含了实长、距离差、投影和倾角四个参数。四者任知其中二者,即可作出一个直角三角形,从而便可求出其余两个。需要注意的是:距离差、投影、倾角三者是对同一投影面而言。

【例 4-1】　已知直线 AB 的 H 面投影 ab 和点 A 的 V 面投影 a',并知 AB 对 H 面的倾角 $\alpha = 30°$,如图 4-5 所示,试求 $a'b'$。

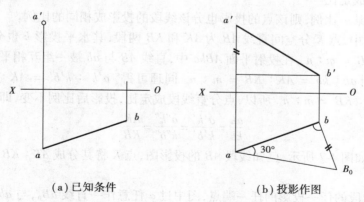

（a）已知条件　　　　（b）投影作图

图 4-5　求作直线 AB 的正面投影 $a'b'$

【解】　(1)分析:根据线段的实长、投影、倾角及距离差四者,任知其二,即可求得其余两者。现已知 H 面投影 ab 和直线对 H 面的倾角 $\alpha = 30°$,利用直角三角形法,即可求得 A、B 两点对 H 面的距离差,从而求出 $a'b'$。

(2)作图:以 H 面投影 ab 为一条直角边,过 a 对 ab 作 $30°$ 的斜线,此斜线与过点 b 的垂线相交于 B_0 点,bB_0 即为 A,B 两点的 Z 坐标差。利用 bB_0 即可确定图 4-5(b)中的 b',从而求得 $a'b'$。本题有两解,另一解读者不难作出。

三、属于直线的点

1. 属于直线的点的投影特性

属于直线的点的投影必属于该直线的同面投影,且符合点的投影规律。

如图 4-6(a)所示,直线 AB 的 H 面投影为 ab,若点 K 属于直线 AB,则过点 K 的投影线 Kk 必属于包含 AB 向 H 面所作的投射平面 $ABba$,因而 Kk 与 H 面的交点 k 必属于该投射平面与 H 面的交线 ab。同理可知 k' 必属于 $a'b'$。

反之,如果点的各个投影均属于直线的各同面投影,且各投影符合点的投影规律,即投影连线垂直于相应的投影轴,则该点属于该直线。如图 4-6(b)中,点 K 属于直线 AB,而点 L 则不属于直线 AB。

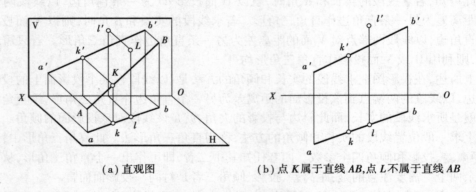

(a)直观图　　　　　　(b)点 K 属于直线 AB,点 L 不属于直线 AB

图 4-6　属于直线的点的投影

2. 点分线段成定比

点分线段成某一比例,则该点的投影也分该线段的投影成相同的比例。

在图 4-6(a)中,点 K 分空间直线 AB 为 AK 和 KB 两段,其水平投影 k 也分 ab 为 ak 和 kb 两段。设 $AK:KB = m:n$,在投射平面 $ABba$ 中,直线 AB 与 ab 被一组互相平行的投射线 Aa,Kk,Bb 所截割,则 $ak:kb = AK:KB = m:n$。同理可得,$a'k':k'b' = AK:KB = m:n$ 和 $a''k'':k''b'' = AK:KB = m:n$。所以,点分直线段成定比,投影后比例不变,即:

$$\frac{ak}{kb} = \frac{a'k'}{k'b'} = \frac{a''k''}{k''b''} = \frac{AK}{KB}$$

【例 4-2】　如图 4-7 所示,已知线段 AB 的投影图,点 K 将其分成 $AK:KB = 2:3$ 两段,求点 K 的投影。

【解】　过线段的任一投影的任一端点,图中过 a 任意作一直线 aB_0,与 ab 成任意夹角,以任意长度为单位,在 aB_0 上由点 a 起连续量取 5 个单位,连接 $5b$,过点 2 引 $5b$ 的平行线交 ab 于点 k,k 即为点 K 的水平投影。过 k 点向上作 OX 轴的垂线交 $a'b'$ 于 k',k' 即为点 K 的正面投影,则 k 和 k' 即为空间点 K 的二投影。

【例 4-3】　已知直线 AB 的二投影以及属于 AB 的点 K 的 V 面投影 k',求其 H 面投影 k。

（图4-8(a)）

解1:利用定比关系求解,如图 4-8(b)
所示。

由于 $ak:kb = a'k':k'b'$,所以可以在 H
面投影中过 a 引任意直线 aB_0,在该直线上定
出 K_0 和 B_0 两点,并使 $aK_0 = a'k'$,$K_0B_0 = k'b'$。
然后由 K_0 点引直线平行于 B_0b 交 ab 于 k,k
即为所求。

解2:利用 W 面投影求解,如图 4-8(c)
所示。

因为点 K 属于直线 AB,所以它的各同面
投影均属于该直线相应的各同面投影。因此,
补画出直线的 W 面投影 $a''b''$,由 k' 定出 k'',再
由 k'' 求出 H 面投影 k。

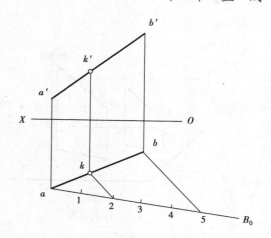

图 4-7　求直线 AB 的分点 K

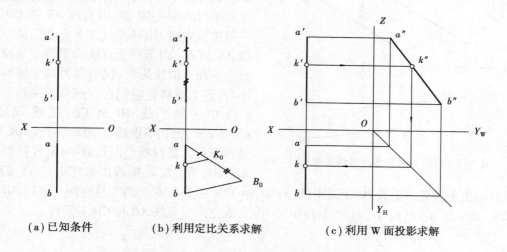

（a）已知条件　　（b）利用定比关系求解　　（c）利用 W 面投影求解

图 4-8　补全属于直线段 AB 的点 K 的投影

第三节　两直线的相对位置

空间两直线的相对位置,可分为平行、相交和相叉三种情况。下面分别讨论它们的投影
特性。

一、平行二直线

(1)定义:其交点在无限远处的空间二直线,称为平行二直线。

(2)投影特性:若空间二直线平行,则它们的各同面投影也互相平行。

如图4-9(a)所示,若 $AB//CD$,由于 $Aa//Cc$,故包含 AB 的投射平面 $ABba$ 与包含 CD 的投
射平面 $CDdc$ 应互相平行。此平行二平面同时与第三平面 H 投影面相交,所得的交线亦互相
平行。即 $ab//cd$。同理可得:$a'b'//c'd'$ 和 $a''b''//c''d''$。其投影如图 4-9(b)所示。

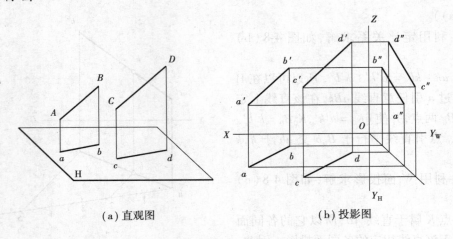

（a）直观图   （b）投影图

图4-9   平行二直线

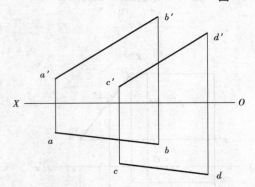

图4-10   判断一般位置两直线是否平行

对于一般位置的两直线，只要任意两组同面投影互相平行，就可判定该两直线在空间也互相平行。图4-10中，因直线 AB 和 CD 均为一般位置直线，且 ab∥cd，a'b'∥c'd'，故空间直线 AB∥CD。但当两条直线均平行于某投影面且无该面上的投影时，仅根据另两个同面投影平行，还不能确定它们在空间是否平行。如图4-11中的侧平线 AB 和 CD，虽然 ab∥cd，a'b'∥c'd'，但仍不能确定空间二直线 AB 与 CD 是否平行。要判断它们是否平行，可补画出 W 面投影，然后根据 W 投影来判断。当我们把 W 投影补画出来后就不难看出：在图4-11(a)中，由于 W 投影 a"b"∥c"d"，故空间二直线 AB 平行于 CD。而在图4-11(b)中，因 a"b"与 c"d"不平行，故空间二直线 AB 与 CD 不平行。

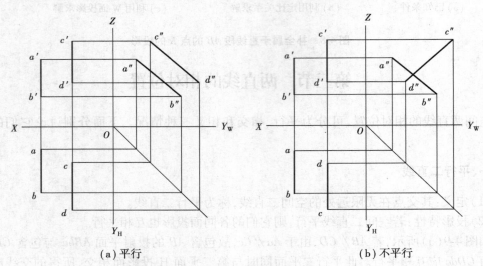

（a）平行   （b）不平行

图4-11   判断两侧平线是否平行

另外还要指出：当互相平行的两直线垂直于某一投影面时，则在该投影面上的投影积聚为两点，且两点之间的距离反映两直线在空间的真实距离，如图 4-12 所示。

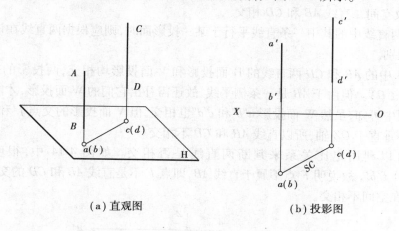

（a）直观图　　　　　　　　　（b）投影图

图 4-12　垂直于投影面的两平行线的投影

二、相交二直线

（1）定义：属于同一平面且不平行的空间二直线，称为相交二直线。

（2）投影特性：若空间二直线相交，则它们的各同面投影也必相交，且各投影的交点必符合点的投影规律（即 $k'k \perp OX, k'k'' \perp OZ$）。

图 4-13（a）中，直线 AB 与 CD 相交于点 K，因点 K 同时属于 AB 和 CD，所以其投影 k 必属于 ab 和 cd，即 k 为 ab 与 cd 的交点。同理，k' 为 $a'b'$ 与 $c'd'$ 的交点，k'' 为 $a''b''$ 与 $c''d''$ 的交点（图中未画出侧面投影）。因 k, k', k'' 为空间一点 K 的三个投影，故必有 $kk' \perp OX, k'k'' \perp OZ$。图 4-13（b）为其投影图，$ab$ 和 cd 交于 k，$a'b'$ 和 $c'd'$ 交于 k'，且 $kk' \perp OX$ 轴。

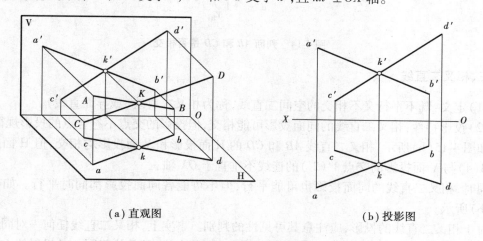

（a）直观图　　　　　　　　　（b）投影图

图 4-13　相交二直线

反之，若两直线的各同面投影均相交，且各同面投影的交点符合点的投影规律，则两直线在空间也必相交。

　　同平行二直线一样,对于一般位置的两直线,只要根据两对同面投影的情况即可判断空间二直线是否相交。如图4-13(b)中,两直线的 H 面投影和 V 面投影均相交,且交点 k 和 k′的连线 kk′⊥OX,故空间二直线 AB 和 CD 相交。

　　但是,当两直线中的其中一条直线平行于某一投影面时,则应根据两直线在该投影面上的投影来进行判别。

　　如图 4-14 中的 AB 和 CD 两直线的 H 面投影和 V 面投影均相交,两投影的交点分别为 f 和 f′,并且 ff′⊥OX。但由于 AB 是一条侧平线,故还需补出它们的 W 面投影,才能判断空间是否相交。从图中可知,虽然 W 面投影 a″b″和 c″d″也相交,但 V 面投影的交点 f′和 W 面投影的交点的连线不垂直于 OZ 轴,所以直线 AB 和 CD 不相交。

　　该题也可以利用定比关系来判断两直线是否相交。如图 4-14 中,很明显地看出:$af:fb \neq a'f':f'b'$,故说明 F 点不属于直线 AB,即点 F 不是直线 AB 和 CD 的交点。所以,直线 AB 和 CD 在空间不相交。

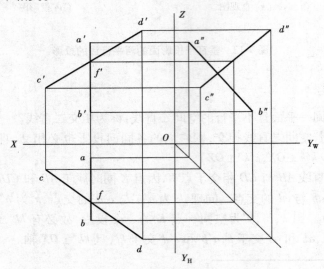

图 4-14　判断 AB 和 CD 是否相交

三、相叉二直线

　　(1)定义:既不平行又不相交的空间二直线,称为相叉二直线(或异面直线)。

　　(2)投影特性:相叉二直线的同面投影可能相交,但投影的交点不符合点的投影规律。

　　如图 4-15(b)所示,相叉二直线 AB 和 CD 的 H 面投影和 V 面投影均相交,但 H 面投影的交点 3(4)与 V 面投影的交点 1′(2′)的连线不垂直于 OX 轴。

　　同时,相叉二直线的同面投影也可能平行,但不可能各同面投影都同时平行。如前面图 4-11(b)所示。

　　对于相叉二直线的投影,应注意其可见性的判别。事实上,相叉二直线任何一对同面投影的交点均是空间两个点的重影,这两个点分别属于两条直线,且又位于同一条投射线上。从图 4-15(a)中可以看出:ab 和 cd 的交点 3(4)是属于空间直线 AB 的Ⅲ点和 CD 的Ⅳ点的 H 面投影。因点Ⅲ和点Ⅳ位于同一条铅垂线上,所以,其 H 面投影重合为一点。同样,a′b′和 c′d′的交点 1′(2′)是属于空间直线 AB 的 Ⅱ 点和 CD 的 Ⅰ 点的 V 面投影。因 Ⅰ 点和 Ⅱ 点位于同一条正垂线上,故其 V 面投影重合为一点。

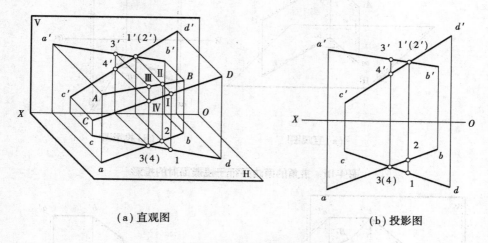

（a）直观图   （b）投影图

图 4-15   相叉二直线

凡重影点均应判别其可见性,并用括号把不可见点括起来。对于重影点的可见性判别。可采用如下方法:

（1）对于 H 面重影点的可见性,应从上向下看。此时,较高的一点为可见,较低的一点为不可见。

（2）对于 V 面重影点的可见性,应从前向后看。此时,较前的一点为可见,较后的一点为不可见。

（3）对于 W 面重影点的可见性,应从左向右看。此时,较左的一点为可见,较右的一点为不可见。

如图 4-15(b)所示,从水平投影的交点 3(4)向上引投影连系线,与 a′b′相交于 3′,与 c′d′相交于 4′,因 3′高于 4′,即 AB 上的 Ⅲ 点高于 CD 上的 Ⅳ 点,故 Ⅲ 点的 H 面投影可见。这就是说:直线 AB 在 Ⅲ 点处高于直线 CD。同理,从 V 面投影的交点 1′(2′)向下作连系线,与 ab 交于 2,与 cd 交于 1,因 1 前于 2,即 CD 上的 Ⅰ 点前于 AB 上的 Ⅱ 点,故 Ⅰ 点的 V 面投影可见。这就是说:直线 CD 在 Ⅰ 点处前于直线 AB。

第四节   直角的投影

相交二直线之间的夹角,可以是锐角、钝角和直角。一般来说,要使其在某投影面上的投影反映出该夹角的大小,必须使此夹角的两边都平行于该投影面,如图 4-16 所示。

但是,对于夹角为直角时,有如下定理。

直角投影定理:若直角有一条边平行于某一投影面时,则该直角在该投影面上的投影仍反映为直角。

如图 4-17 所示,两直线 AB 和 BC 的夹角∠ABC = 90°,其中一条边 AB 平行于 H 面,则∠ABC 在 H 面上的投影∠abc = 90°。

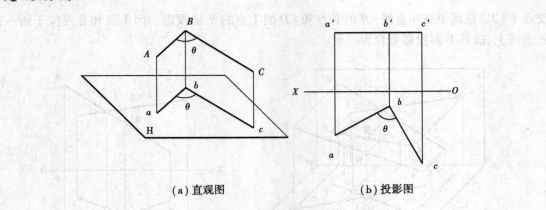

（a）直观图　　　　　　　　　　　　（b）投影图

图 4-16　夹角的两边平行于投影面时的投影

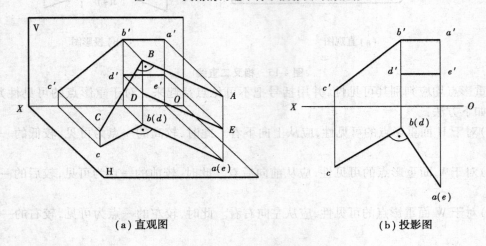

（a）直观图　　　　　　　　　　　　（b）投影图

图 4-17　直角的投影

现在，我们来证明这一定理。

已知：$AB \perp BC$，$AB /\!/ H$ 面（见图 4-17）

求证：$\angle abc = 90°$

证明：　因为　　$AB /\!/ H$

　　　　而　　　$Bb \perp H$

　　　　所以　　$AB \perp Bb$

　又　　因为　　$AB \perp BC$

　　　　所以　　$AB \perp CBbc$ 平面

　又　　因为　　$ab /\!/ AB$

　　　　所以　　$ab \perp CBbc$ 平面

　　　　故　　　$ab \perp bc$

　　　　所以　　$\angle abc = 90°$　　　　　　（证毕）

图 4-17（b）是其投影图，图中 $a'b' /\!/ OX$，故 AB 为水平线。因空间 $\angle ABC$ 为 90°，所以 $\angle abc = 90°$。（注意：$\angle ABC$ 的 V 面投影 $\angle a'b'c' \neq 90°$）

在图 4-17 中，若直线 DE 属于平面 $ABba$，且 $DE /\!/ AB$，则直线 $DE /\!/ H$ 并与 BC 相叉垂直，

其水平投影 $de \perp bc$。由此可见,直角投影定理对互相垂直的相叉二直线仍然适用。

反之,若两直线在某投影面上的投影互相垂直,且其中有一条直线平行于该投影面,则两直线在空间也必然垂直。

由此得出结论:两条互相垂直的直线,如果其中有一条是水平线,那么,它们的 H 面投影必互相垂直。同理,两条互相垂直的直线,如果其中有一条是正平线,那么,它们的 V 面投影必互相垂直。

直角投影的这种特性,常用来在投影图中解决作垂线和有关距离方面的问题。

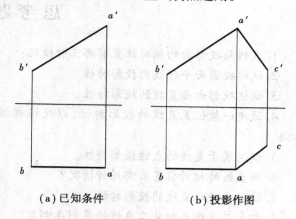

(a) 已知条件　　　　(b) 投影作图

图 4-18　过点 A 作 AC 与 AB 垂直

【例 4-4】　如图 4-18,已知 $AB /\!\!/ \mathrm{V}$ 面,试过点 A 作一直线 AC 与 AB 垂直相交。

【解】　(1)分析:因 AB 为正平线,根据直角投影定理可知:AB 与 AC 的 V 面投影必然垂直。

(2)作图:见图 4-18(b),首先过 a' 作 $a'c' \perp a'b'$($a'c'$ 的长度可任取),再过 c' 向下引投影联系线,并在其上任取一个点 c,连 ac 即为所求。

本题因点 c 可任取,故有无穷多解。

【例 4-5】　求点 K 到正平线 AB 的距离。(图 4-19)

【解】　(1)分析:点 K 到直线 AB 的距离,就是过点 K 向直线 AB 作垂线,设垂足点为 L,则 KL 即为所求距离。因为直线 AB 平行于 V 面,故 AB 与 KL 的 V 面投影应垂直。

(2)作图:过 k' 作 $k'l' \perp a'b'$,垂足为 l';由 l' 向下作连系线交 ab 于 l,连 kl,则 $k'l'$ 和 kl 即为所求距离 KL 的两个投影。然后再利用直角三角形法,即可作出 KL 的实长 kL_0,kL_0 即为点 K 到直线 AB 的距离。

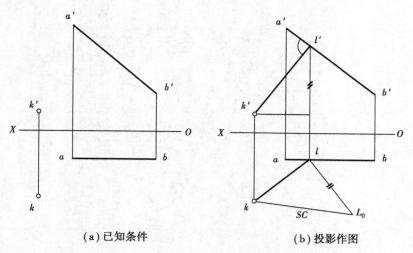

(a) 已知条件　　　　(b) 投影作图

图 4-19　求点 K 到正平线 AB 的距离

思 考 题

1. 直线与投影面的相对位置有哪三种情况?

2. 试述投影面平行线的投影特性。

3. 试述投影面垂直线的投影特性。

4. 试述一般位置直线的投影特性,以及根据线段的投影求其实长和对投影面的倾角的方法。

5. 试述属于直线的点的投影特性。

6. 两直线的相对位置有哪几种情况?

7. 试述平行二直线的投影特性。

8. 相交二直线与相叉二直线的区别在哪里?

9. 在什么条件下,一直角在投影面上的投影仍为直角?

第五章 平 面

第一节 平面的表示法

一、在投影图上用几何元素表示平面

平面的空间位置,可由下列几何元素来确定:

(1)不属于同一直线的三个点,如图5-1(a)所示。

(2)一直线和不属于该直线的一点,如图5-1(b)所示。

(3)相交二直线,如图5-1(c)所示。

(4)平行二直线,如图5-1(d)所示。

(5)任意的平面几何图形,如图5-1(e)所示。

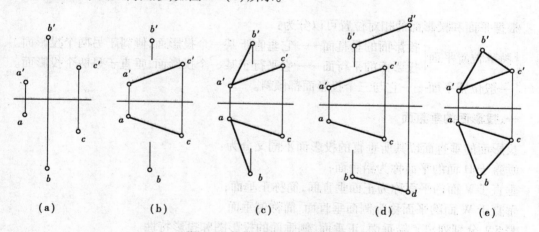

（a） （b） （c） （d） （e）

图5-1 用几何元素表示的平面

如图5-1所示,要在投影图上确定一平面,只要有上述各组几何元素中的任何一组的投影就可以了。显然,上述各组几何元素是可以相互转换的,例如将图5-1(a)的 A,C 连接起来,便可以转换为图5-1(b)的形式。若再将 A,B 连接起来,便可以转换为图5-1(c)的形式,若又将 B,C 连起来就成了图5-1(e)的形式。

二、用平面的迹线表示平面

如图5-2(a)所示,平面 P 与投影面的交线,称为平面的迹线。它与投影面 H,V,W 的交线分别称为水平迹线、正面迹线和侧面迹线,并以 P_H,P_V,P_W 表示。P_H,P_V,P_W 两两分别交 OX,OY,OZ 轴于一点,该点称为迹线的集合点,以 P_X,P_Y,P_Z 表示。

平面的迹线是属于投影面的线,它在这个投影面上的投影与其本身重合,以迹线符号标注。它的其余二投影与相应的投影轴重合,一般都不标注。例如平面的水平迹线的水平投影

与迹线本身重合,以 P_H 表示,它的正面投影和侧面投影分别与 OX 及 OY 轴重合,不予标注。正面迹线 P_V、侧面迹线 P_W 与此相同。

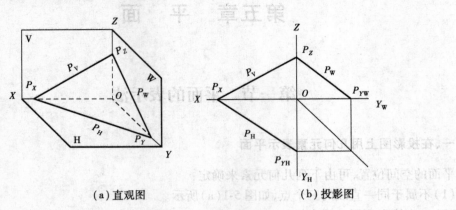

(a)直观图　　　　　　　　　　(b)投影图

图 5-2　用平面的迹线表示平面

第二节　各种位置平面

根据平面和投影面的相对位置可以分为:

特殊位置平面
投影面的垂直面——它垂直于某一个投影面,倾斜于另两个投影面。
投影面的平行面——它平行于某一个投影面,垂直于另两个投影面。
一般位置平面——它与三个投影面都倾斜。

一、投影面的垂直面

投影面的垂直面以其所垂直的投影面不同又分为:

垂直于 H 面的平面称为铅垂面;

垂直于 V 面的平面称为正面垂直面,简称正垂面;

垂直于 W 面的平面称为侧面垂直面,简称侧垂面。

表 5-1 分别列出了铅垂面、正垂面、侧垂面的投影图和投影特性。

从表 5-1 可分析归纳出投影面的垂直面的投影特性为:

平面在它所垂直的投影面上的投影积聚为一直线,该直线与投影轴的夹角分别反映平面对其他二投影面的倾角。

平面在另外两个投影面上的投影为与平面图形相类似的图形,但面积有所缩小。

二、投影面的平行面

投影面的平行面因其所平行的投影面不同又分为:

平行于 H 面的平面称为水平面平行面,简称水平面;

平行于 V 面的平面称为正面平行面,简称正平面;

平行于 W 面的平面称为侧面平行面,简称侧平面。

表 5-1 投影面的垂直面

名称	直 观 图	投 影 图	投 影 特 性
铅垂面 $P \perp H$	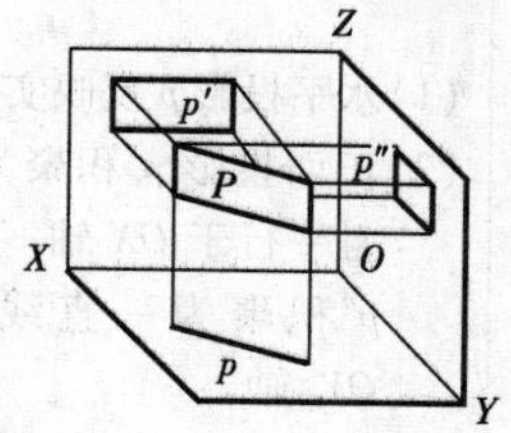	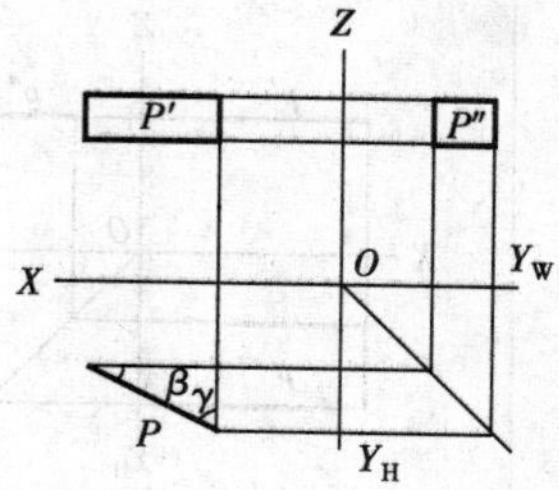	(1) 水平投影 p 积聚为一直线，并反映对 V，W 面的倾角 β,γ (2) 正面投影 p' 和侧面投影 p'' 为与 P 类似的图形
正垂面 $Q \perp V$	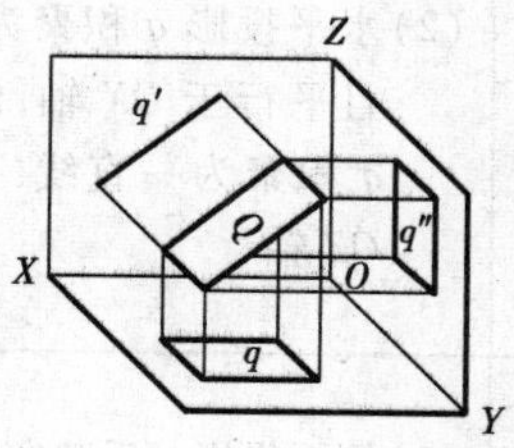	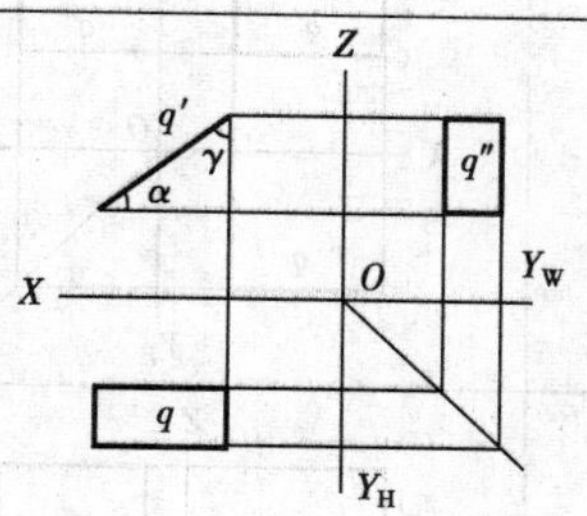	(1) 正面投影 q' 积聚为一直线，并反映对 H，W 面的倾角 α,γ (2) 水平投影 q 和侧面投影 q'' 为与 Q 类似的图形
侧垂面 $R \perp W$	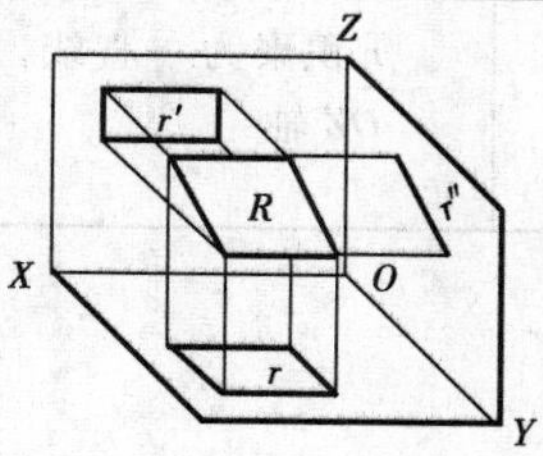	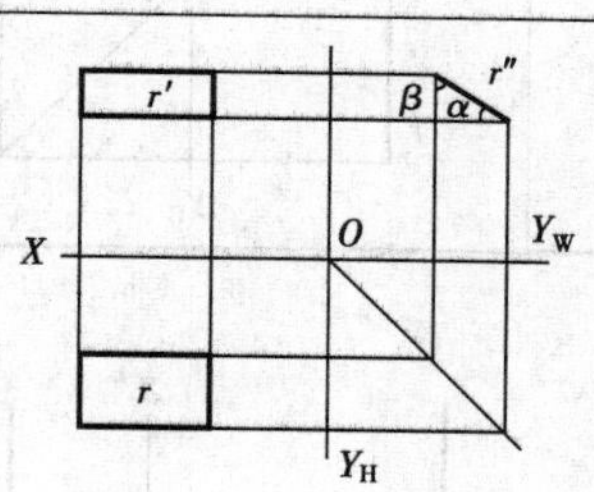	(1) 侧面投影 r'' 积聚为一直线，并反映对 H，V 面的倾角 α,β (2) 水平投影 r 和正面投影 r' 为与 R 类似的图形

表 5-2 分别列出了水平面、正平面和侧平面的投影图和投影特性。

从表 5-2 可分析归纳出投影面的平行面的投影特性为：

平面在它所平行的投影面上的投影反映实形；

平面在另外两个投影面上的投影积聚为一直线，且分别平行于相应的投影轴。

图 5-3 是用迹线表示的铅垂面 P。其水平迹线 P_H 积聚为一与 X,Y 轴倾斜的直线，它与 OX,OY_H 的夹角，分别反映平面 P 对 V 和 W 面的倾角 β 及 γ。正面迹线 P_V、侧面迹线 P_W 分别垂直于 OX 和 OY_W 轴。这种平面的空间位置，只用有积聚性的迹线就可以充分表达。如图 5-3(c)所示，P_H 即可表示铅垂面 P。因此我们约定，以后凡是投影面的垂直面只用有积聚性的迹线表示，不画其他迹线。

表 5-2　投影面的平行面

名称	直观图	投影图	投影特性
水平面 $P/\!/H$			(1)水平投影 p 反映实形 (2)正面投影 p' 积聚为一直线，且平行于 OX 轴。侧面投影 p'' 积聚为一直线，且平行 OY_W 轴
正平面 $Q/\!/V$			(1)正面投影 q' 反映实形 (2)水平投影 q 积聚为一直线，且平行于 OX 轴，侧面投影 q'' 积聚为一直线，且平行于 OZ 轴
侧平面 $R/\!/W$			(1)侧面投影 r'' 反映实形 (2)水平投影 r 积聚为一直线，且平行于 OY_H 轴，正面投影 r' 积聚为一直线，且平行于 OZ 轴

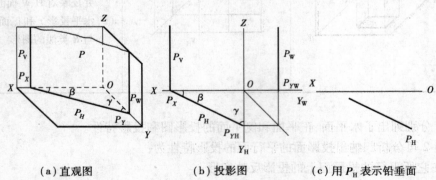

（a）直观图　　　　　（b）投影图　　　　　（c）用 P_H 表示铅垂面

图 5-3　用迹线表示铅垂面

三、一般位置平面

如图 5-4(a)所示，$\triangle ABC$ 对投影面 H,V,W 都倾斜，是一般位置平面。这种位置平面在 H,V,W 面上的投影仍然为一个三角形，且各面投影的三角形的面积都小于 $\triangle ABC$ 的实形。由此可知，一般平面图形的投影特性为：

三面投影都成为与空间平面图形相类似的平面图形，且面积较空间平面图形的面积小；

平面图形的三面投影都不反映该面对投影面的真实倾角。

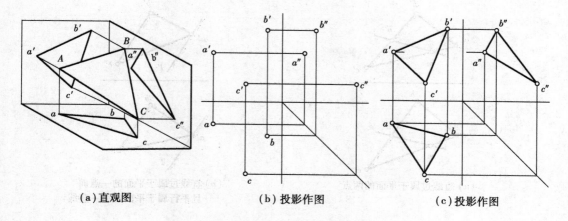

（a）直观图　　　　　　（b）投影作图　　　　　　（c）投影作图

图5-4　平面投影的作法

求作一般位置平面的投影，只要画出了平面的三个顶点 A,B,C 的三个投影，如图 5-4（b）所示，再分别将各同名投影连接起来，就得到△ ABC 的投影，如图 5-4（c）所示。

第三节　属于平面的直线和点

一、属于平面的直线

直线属于平面的几何条件是：

（1）直线通过属于平面的两个点，则直线属于此平面，如图 5-5（a）所示。

（2）直线通过属于平面的一点，且平行于属于平面的另一条直线，则直线属于此平面，如图 5-5（b）所示。

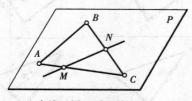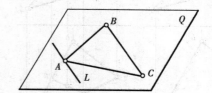

（a）直线过属于平面的两点　　　　　（b）直线过属于平面的一点而且平行
　　　　　　　　　　　　　　　　　　属于平面的另一直线

图5-5　平面上取线的几何条件

图 5-6 所示为在已知△ ABC 的投影图中取属于平面的直线的作图法。（a）图为先取属于△ ABC 的两点 $M(m',m)$，$N(n',n)$，然后分别将其连成直线 $m'n'$，mn，则直线 MN 一定属于△ ABC。（b）图为过△ ABC 平面上一点 A（可为平面上任意一点），且平行于△ ABC 的一条边 $BC(b'c',bc)$作一直线 $L(l',l)$，则直线 L 一定属于△ ABC。

二、属于平面的点

点属于平面的几何条件是：点属于平面的任一直线，则点属于此平面，如图 5-7 所示。

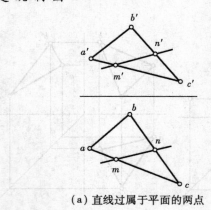

(a) 直线过属于平面的两点

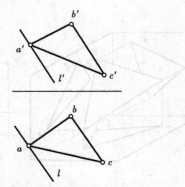

(b) 直线过属于平面的一点而
且平行属于平面的另一直线

图 5-6　在平面的投影图上取线

取属于平面的点,只有先取属于平面的直线,再取属于直线的点,才能保证点属于平面。否则,在投影图中不能保证点一定属于平面。

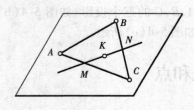

图 5-7　平面取点的几何条件

图 5-8 所示为在已知 △ABC 的投影图中取属于平面的点的作图法。已知 K 点属于 △ABC,还知 K 点的 V 面投影 k',求作 K 点的水平投影 k。先在 △a'b'c' 内过点 k'任作一直线 m'n',然后求出其 H 投影 mn,进而求出在 mn 上的 k 点。则 k 点一定属于 △abc,即 K 点一定属于 △ABC。

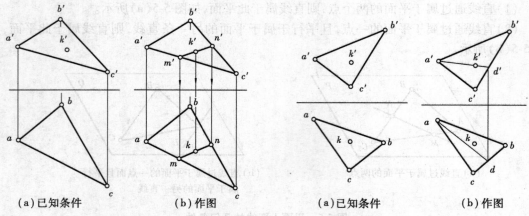

(a) 已知条件　　　　　(b) 作图　　　　　(a) 已知条件　　　　　(b) 作图

图 5-8　在平面的投影图上取点　　　　图 5-9　判别 K 点是否属于 △ABC

【例 5-1】　已知 △ABC 及点 K 的二投影,判别点 K 是否属于 △ABC,如图 5-9(a) 所示。

【解】　若过点 K 能作出一直线属于 △ABC,则点 K 属于该平面。反之,点 K 不属于该平面。

作图,如图 5-9(b) 所示:

(1) 连接 a'k'并延长使与 b'c'相交于 d';

(2) 过 d'作 OX 的垂线交 bc 于 d,并连接 ad;

(3) 所作直线 AD 属于 △ABC,而 k 不属于 AD 的水平投影 ad,即点 K 不属于直线 AD,因此

点 K 不属于 $\triangle ABC$。

【例 5-2】　已知点 K 的两面投影,过 K 点作铅垂面(以迹线表示)P 与 V 面成 45°角,如图 5-10(a)所示。

【解】　铅垂面 P 的水平迹线 P_H 有积聚性,P_H 与 OX 的夹角即为平面 P 对 V 面的倾角。故过 k 作 P_H 使与 OX 成 45°角即可。此题有二解,如图 5-10(b)所示。

【例 5-3】　已知直线 AB 的两面投影,过 AB 作正垂面 Q(以迹线表示),如图 5-11(a)所示。

【解】　正垂面 Q 的 V 面迹线 Q_V 有积聚性,既然直线 AB 属于 Q,则直线的 V 面投影 $a'b'$ 应与 Q_V 重合。故延长 $a'b'$,并注以迹线符号 Q_V 即可,如图 5-11(b)所示。

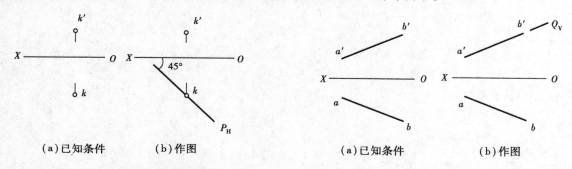

(a)已知条件　　　(b)作图　　　　　　　(a)已知条件　　　(b)作图

图 5-10　过 K 点作铅垂面与 V 面成 45°角　　**图 5-11　过 AB 直线作正垂面 Q**

【例 5-4】　已知 $\triangle ABC$ 的两面投影,作属于平面的水平线和正平线的投影。

【解】　如图 5-12(a)所示,先在平面的 V 面投影内任取一点,如 a' 点(这里为简便起见,取平面内一已知点为直线上一点,这样可少作一点),过该点作一平行于 OX 轴的直线 $a'd'$,然后由 d' 向下投影得 d 点,连 ad,则 AD 即为平面内的水平线,并且 ad 反映实长。

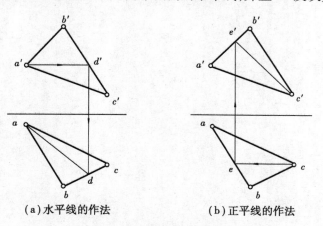

(a)水平线的作法　　　(b)正平线的作法

图 5-12　作属于平面的正平线和水平线

图 5-12(b)箭头所指即为平面内正平线的作图过程。详述略。

思考题

1. 投影图中用哪些方法表示平面?
2. 投影面的垂直面、平行面和一般位置平面各有何投影特性?
3. 点和直线属于平面的几何条件是什么?
4. 投影面的垂直面、平行面和一般位置平面中各能作出哪些位置(相对于投影面)的直线?

第六章 直线与平面 平面与平面

直线和平面之间以及两平面之间的相对位置,一般有三种情况,即平行、相交和垂直。本章主要是研究它们的投影特性和作图方法。

第一节 直线和平面平行、两平面互相平行

一、直线和平面平行

直线和平面平行的几何条件:

若直线平行于属于平面的任一直线,则此直线与该平面平行。

如图 6-1 所示,直线 AB 平行于属于平面 P 的直线 MN,则直线 AB ∥ P 面。

利用上述几何条件,即可作直线平行于平面、平面平行于平面,以及判别直线与平面是否平行。

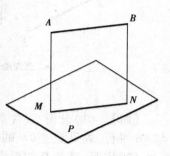

图 6-1 直线和平面平行

【**例 6-1**】 已知△ABC 及不属于△ABC 的一点 M(见图 6-2(a)),试过点 M 作一正平线 MN 平行于△ABC。

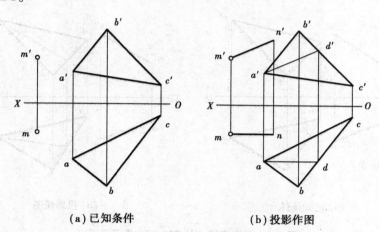

(a)已知条件　　　　　　　　(b)投影作图

图 6-2 过点 M 作正平线 MN 平行于△ABC

【**解**】 (1)分析:属于△ABC 的正平线有无数条,但它们的方向都是一致的,故过点 M 只能作一条正平线与△ABC 平行。

(2)作图(见图 6-2(b)):

①首先取一条属于△ABC 的正平线 AD。因正平线的 H 面投影平行于 OX 轴,故过 a 作 ad ∥ OX,再由 ad 求出 $a'd'$。

②过已知点 M 作直线 MN 平行于 AD。为此,应过点 M 的投影 m, m' 分别作 mn // ad, $m'n'$ // $a'd'$。

③MN 的两个投影 mn 和 $m'n'$ 即为所求。

【例6-2】 已知直线 AB 及 CD 的 H,V 面投影,试包含直线 CD 作平面平行于 AB,如图6-3(a)所示。

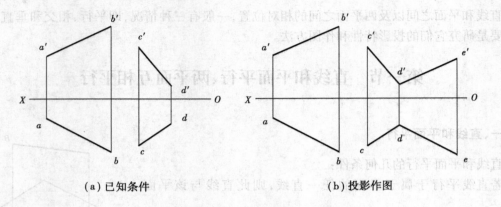

(a)已知条件　　　　　　　　　　(b)投影作图

图6-3　含直线 CD 作平面平行于直线 AB

【解】 (1)分析:要含直线 CD 作平面平行于已知直线 AB,必须使所作的平面应有一直线与 AB 平行,故只要过 CD 的任一端点作直线(如 DE)平行于 AB 即可。

(2)作图:过点 D 的投影 d, d' 分别作 de // ab, $d'e'$ // $a'b'$,则相交二直线 CD, DE 所确定的平面即为所求。

【例6-3】 已知直线 MN 与 $\triangle ABC$ 的 H,V 面投影(见图6-4(a)),判别它们是否平行。

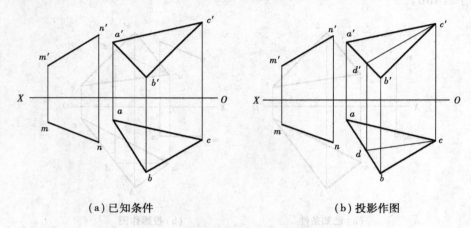

(a)已知条件　　　　　　　　　　(b)投影作图

图6-4　判别直线 MN 与 $\triangle ABC$ 是否平行

【解】 (1)分析:若能作出一条属于 $\triangle ABC$ 的直线与已知直线平行,则 MN 便平行于 $\triangle ABC$。反之,则不平行。

(2)作图:作一条属于 $\triangle ABC$ 的直线 CD,使它的 V 面投影 $c'd'$ // $m'n'$,再求出 H 面投影 cd,检查 cd 与 mn 不平行。这就是说,不能作出一条属于 $\triangle ABC$ 的直线与 MN 平行,所以直线 MN 与 $\triangle ABC$ 不平行(见图6-4(b))。

应当注意,当平面处于特殊位置时,只要平面的积聚投影与直线在该投影面的投影平行,则直线与平面必互相平行。图6-5为直线AB与铅垂面P平行的投影图。

二、两平面互相平行

两平面平行的几何条件:若属于一平面的相交二直线,对应地平行于属于另一平面的相交二直线,则此二平面互相平行。

如图6-6所示,属于平面P的一对相交二直线AB,CD,对应地平行于属于平面Q的一对相交二直线A_1B_1,C_1D_1,则P,Q两平面互相平行。

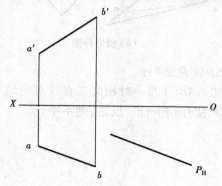

图6-5 直线AB与铅垂面P平行   图6-6 两平面互相平行

利用上述几何条件,即可作平面和已知平面平行,以及判别两平面是否平行。

【例6-4】 过点D作平面平行于$\triangle ABC$(见图6-7(a))。

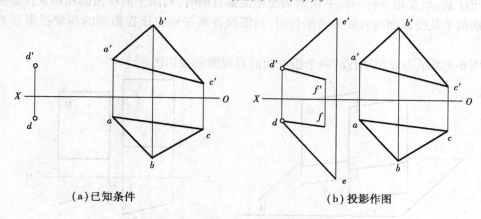

(a)已知条件   (b)投影作图

图6-7 过点D作平面平行于$\triangle ABC$

【解】 (1)分析:要使所作平面与$\triangle ABC$平行,应过点D作一对相交二直线DE,DF对应地平行于属于$\triangle ABC$的一对相交二直线AB,AC,则相交二直线DE,DF确定的平面就必然与$\triangle ABC$平行。

(2)作图(见图6-7(b)):

①过点D的H面投影d作$de\,/\!/\,ab,df\,/\!/\,ac$。

②过点D的V面投影d'作$d'e'\,/\!/\,a'b',d'f'\,/\!/\,a'c'$。

③相交二直线DE,DF所确定的平面即为所求。

【例6-5】 已知$\triangle ABC$和$\triangle DEF$的H,V面投影,判别它们是否平行(见图6-8(a))。

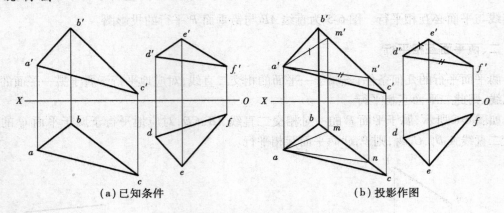

（a）已知条件　　　　　　　　　　（b）投影作图

图6-8　判别△ABC和△DEF是否平行

【解】　（1）分析:若能作出属于某一三角形（如△ABC）的一对相交二直线对应地平行于属于△DEF的DE,DF两条直线,则△ABC和△DEF便互相平行。反之,则不平行。

（2）作图（见图6-8（b））:

①过A点的V面投影a'作a'm'∥d'e';

②由a'm'求出am;

③检查图中am∦de,故AM∦DE;所以,△ABC∦△DEF。

若所作直线AM∥DE,则还需作a'n'∥d'f',由a'n'求出an,如果an∦df,则两三角形仍不平行。若an∥df,则△ABC和△DEF互相平行。

应当注意,当互相平行的两平面为某投影面垂直面时,则两平面在该面和积聚投影一定平行。判别两个某投影面垂直面是否平行时,只需检查两平面在该投影面的积聚投影是否平行即可。

如图6-9所示为互相平行的两个铅垂面的直观图和投影图。

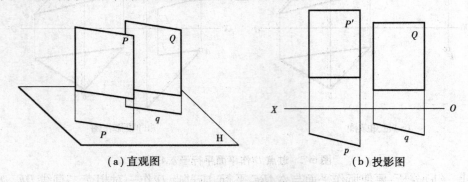

（a）直观图　　　　　　　　　　（b）投影图

图6-9　互相平行的两铅垂面

第二节　直线和平面相交、两平面相交

直线与平面相交,会产生一个交点,其交点是直线与平面的共有点,它既属于直线,又属于平面。

两平面相交,会产生一条交线,其交线是两平面的公有线,它既属于参与相交的甲平面,又属于参与相交的乙平面。

下面我们将讨论直线与平面的交点和两平面的交线的作图问题。

一、直线与平面相交的特殊情况

直线与平面相交的特殊情况,是指参与相交的直线和平面中,有一个对投影面处于垂直位置,因而它在该投影面的投影具有积聚性。这样,利用积聚投影可直接确定交点的该面投影。再根据属于直线的点的投影以及属于平面的点和直线的作图规律,即可确定交点的其余投影。交点求出以后,还须判别可见性。

如图 6-10 所示为求直线 AB 与铅垂面 P 的交点 K 的投影作图。

如 6-10(a)直观图所示,因平面 P 为铅垂面,其 H 面投影 p 应积聚为直线。由于交点 K 是直线 AB 与平面 P 的共有点,故 p 与 ab 的交点 k 即为所求交点 K 的 H 面投影。而点 K 又属于直线 AB,所以由 k 向上作铅垂联系线与 a'b'相交,即可求出 k',点 K 的投影 k 和 k'即为所求。

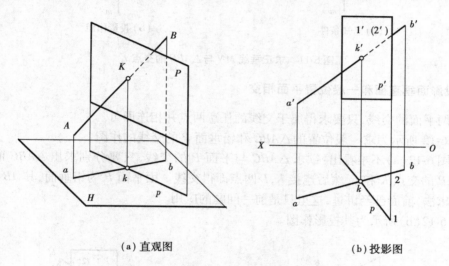

（a）直观图　　　　　　　　　　（b）投影图

图 6-10　求直线 AB 与铅垂面 P 的交点

因 P 为铅垂面,其 H 面投影积聚为直线,故不需判别可见性。对于 V 面投影的可见性判别,应在 V 面投影中任找一个直线与平面边线的重影点,如 a'b'与平面右边线的交点 1',2',并求出它们的 H 面投影 1,2。因点 1 前于点 2,故 V 面投影中属于平面的点 I 可见,而属于直线的点 II 不可见。由于交点 K 为直线 AB 可见与不可见的分界点,且直线是连续的,故 k'2'为不可见,应画为虚线。

如图 6-11(a)所示为求正垂线 MN 与△ABC 的交点 K 的作图。

由于直线 AB 为正垂线,其 V 面投影积聚为一点,它与△ABC 的交点 K 的 V 面投影 k'也积聚于该点。根据交点 K 又属于△ABC,按照平面内取点的方法,即可求出其 H 面投影 k。

作图,如图 6-11(b)所示,图中是过点 K 引一条属于△ABC 的辅助线 CD。为此,应在 V 面投影中先连 c'k',并延长交 a'b'于 d',即得 CD 的 V 面投影 c'd'。由 c'd'即可求出 cd,cd 和 mn 的交点即为交点 K 的 H 面投影 k,k 和 k'即是所求交点。

由于直线 MN 的 V 面投影积聚为一点,不需判别可见性。对于 H 面的可见性,应在 H 面投影中取一重影点,如 mn 和 ac 的交点 1,2。设点 I 属于 AC,点 II 属于 MN。因点 I 高于点

Ⅱ,所以 H 面投影中属于 AC 的点 Ⅰ可见,属于 MN 的点 Ⅱ不可见,故 H 面投影中的 k2 一段为
不可见,应画为虚线。

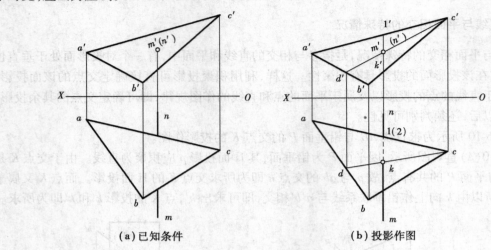

（a）已知条件　　　　　　　　　（b）投影作图

图 6-11　求正垂线 MN 与 △ABC 的交点 K

二、投影面垂直面和一般位置平面相交

欲求两平面的交线,只要求得属于交线的任意两点并相连即可。

如图 6-12 所示为求一般位置的 △ABC 和铅垂面 P 的交线的作图。

分析图 6-12(a)不难看出:欲求 △ABC 与平面 P 的交线,只要分别求出 △ABC 的 AB,AC
边与平面 P 的交点 K 和 L,然后连接 K,L 两点即得交线。因平面 P 为铅垂面,其 AB,AC 与它
的交点的求法,前面已经讲过,这里只是前一问题的应用。

如图 6-12(b)所示为其投影作图。

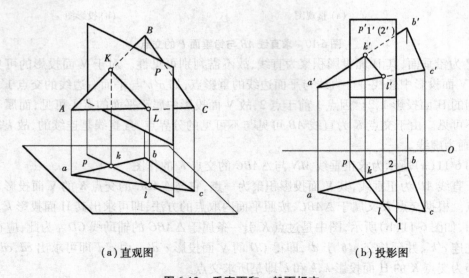

（a）直观图　　　　　　　　　（b）投影图

图 6-12　垂直面和一般面相交

（1）求 AB 与平面 P 的交点 K。

在 H 面投影中，ab 与 p 的交点 k 即为交点 K 的 H 面投影。过点 k 作 OX 轴的垂线与 $a'b'$ 交于 k'，即得交点 K 的 V 面投影。

（2）求 AC 与平面 P 的交点 L（作图方法同点 K）。

（3）分别连接 kl，$k'l'$，即为所求两平面交线 KL 的投影。

（4）判别可见性。

平面 P 的 H 面投影有积聚性，不需判别可见性。对于 V 面投影的可见性判别，应从 V 面投影中，任取两平面边线的四个交点之一作为重影点，如 $a'b'$ 与 p' 右边线的交点 $1'$，$2'$。设点Ⅰ属于 P，点Ⅱ属于 AB，由 $1'$，$2'$ 求出 1，2。因 1 点前于 2 点，故在 V 面投影中，属于 P 的Ⅰ点可见，属于 AB 的Ⅱ点不可见，故 KⅡ的 V 面投影为不可见。因平面是连续的，故 V 面投影中 $k'l'c'b'$ 这一方两个图形重合的部分，属于 $\triangle ABC$ 的图线都不可见，应画为虚线，属于平面 P 的图线则画为实线。而另一方面，$k'l'a'$ 在两个图形重合的部分，其虚、实线的画法与上述情况相反。

三、一般位置直线与一般位置平面相交

1. 作图方法——辅助平面法

如图 6-13 所示，欲求一般直线 DE 和一般面 $\triangle ABC$ 的交点 K，可包含 DE 作一辅助平面 P，并求出辅助面 P 和 $\triangle ABC$ 的交线 MN。MN 与直线 DE 的交点 K 即为直线 DE 和 $\triangle ABC$ 的交点。

2. 作图步骤

（1）包含已知直线 DE 作一辅助平面 P。为使作图简便，一般以特殊位置平面为辅助平面。

（2）求出辅助平面 P 和已知 $\triangle ABC$ 的交线 MN。

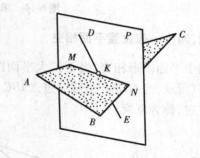

图 6-13 求一般直线和一般面的交点的方法

（3）已知直线 DE 和交线 MN 的交点 K 即为所求。

（4）判别可见性。

图 6-14 所示为求直线 DE 和 $\triangle ABC$ 的交点的投影作图。

其投影作图步骤为：

（1）过已知直线 DE 作铅垂面 P，则 P_H 与 de 重合（图 6-14（a））。

（2）求出平面 P 和已知 $\triangle ABC$ 的交线 MN。因平面 $P \perp$ H，mn 与 P_H 重合，故 mn 可直接定出，再由 mn 求出 $m'n'$（图 6-14（b））。

（3）已知直线 DE 与交线 MN 的交点 K 即为所求。$m'n'$ 与 $d'e'$ 的交点 k'，即为交点 K 的 V 面投影。由 k' 即可求出交点 K 的 H 面投影 k。

（4）判别可见性。

由于已知直线和平面都处于一般位置，故 H，V 面投影均应分别判别可见性。判别 V 面投影的可见性时，应先在 V 面投影中任取 $d'e'$ 和 $\triangle a'b'c'$ 边线的交点，比如 $d'e'$ 与 $a'c'$ 的交点 $1'$，$2'$ 为重影点。设点Ⅰ属于 AC，点Ⅱ属于 DE，并由 $1'$，$2'$ 求出其 H 面投影 1，2。因 2 点前于 1 点，故在 V 面投影中，属于直线 DE 的Ⅱ点可见，所以 $k'2'$ 一段应画为实线。用同样的方法可判别 H 面投影中 mk 这一段为可见，应画为实线。

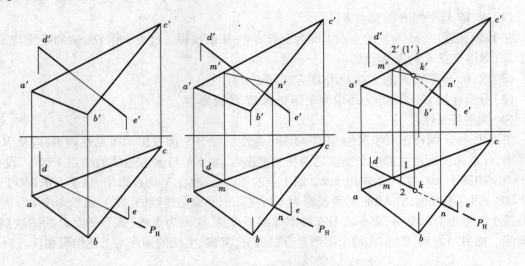

（a）包含 DE 作铅垂面 P   （b）求出 P 与△ABC 的交线 MN   （c）求 DE 和 MN 的交点 K

图 6-14　求直线 DE 和△ABC 的交点 K

四、两个一般位置平面相交

两个平面图形相交，当不扩大平面图形的边界线时，会产生全交和互交两种情况。如图 6-15（a）所示，当△DEF 全部穿过△ABC 时，称为全交。图 6-15（b）为△ABC 与△DEF 的棱边互相穿过，称为互交。

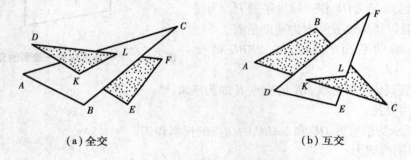

（a）全交   （b）互交

图 6-15　两平面图形全交和互交

欲求两平面的交线，只要求得属于交线的任意两点并相连即可。因此，可取其中一平面的两条边线，并分别求出它们与另一平面的交点，然后相连即可求出交线。其作图方法同求直线和平面的交点，只是多求一个交点而已。

图 6-16 所示为求△ABC 和△DEF 的交线的作图。

根据上述，现以求△DEF 的 DE，DF 边与△ABC 的交点 K，L 为例来作图。

（1）求△DEF 的 DE 边与△ABC 的交点 K（作图如图 6-14 所示的作图步骤）。

（2）求 DF 边与△ABC 的交点 L（作图方法同上）。图中是包含 DF 作正垂面 Q 为辅助面，其 Q_V 与 d'f'重合，故可直接定出 Q 与△ABC 的交线 M_1N_1 的 V 面投影 $m_1'n_1'$，由 $m_1'n_1'$ 求出 m_1n_1，则 m_1n_1 与 df 的交点 l 即为 DF 边与△ABC 的交点 L 的 H 面投影，再由 l 即可求出 l'，如图6-16（b）所示。

（3）连接 kl，$k'l'$，即为两平面交线 KL 的投影，如图 6-16(c)所示；

（4）判别可见性。

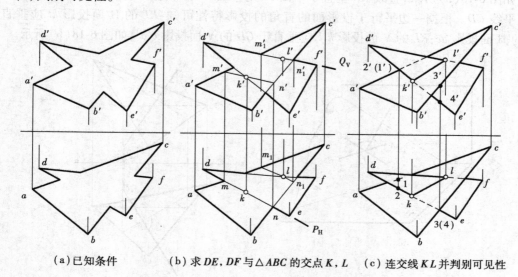

（a）已知条件　　　（b）求 DE，DF 与 $\triangle ABC$ 的交点 K，L　　（c）连交线 KL 并判别可见性

图 6-16　求两个一般面 $\triangle ABC$ 和 $\triangle DEF$ 的交线

判别 H 面投影的可见性时，可在 ac，bc，de，df 四边的四个交点中任取一个为重影点来判别。图中是取 bc 与 de 的交点 3，4。设点Ⅲ属于 BC，点Ⅳ属于 DE，并求出它们的 V 面投影 $3'$，$4'$。因 $3'$ 高于 $4'$，故从上向下观察时，属于 BC 的点Ⅲ可见，在 H 面投影中 bc 应画为实线。因平面是连续的，故以可见和不可见的交线为分界线，在 $KLFE$ 一方两平面投影相重合的部分属于 $\triangle DEF$ 的图线为不可见，应画为虚线。而 KLD 一方则与 $KLFE$ 一方的情况相反。

判别 V 面投影的可见性时，则可在 $a'c'$，$d'c'$，$d'e'$，$d'f'$ 四边的四个交点中任选一个作为重影点。图 6-16(c)中是以 $d'e'$ 与 $a'c'$ 的交点 $1'$，$2'$ 为重影点来判别 V 面的可见性。

第三节　直线和平面垂直、两平面互相垂直

一、直线与平面垂直

1. 直线与平面垂直的几何条件

若直线垂直于属于平面的任意两条相交直线，则此直线与该平面垂直。即：

若 $KL \perp G_1$，G_2（G_1，G_2 是属于平面 P 的两条相交直线），则 $KL \perp P$（见图 6-17）。

反之，若直线垂直于平面，则此直线垂直于属于该平面的所有直线。即：

若 $KL \perp P$（图 6-17），

则 $KL \perp G_1$，G_2，G_3，G_4，$\cdots$（G_1，G_2，G_3，$G_4 \cdots$ 属于平面 P）。

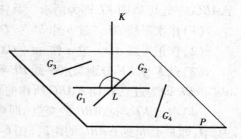

图 6-17　直线与平面垂直的几何条件

2. 直线与平面垂直的投影特性

如图 6-18(a)所求,直线 *KL* 垂直于平面 *P*,则直线 *KL* 必垂直于属于平面 *P* 的水平线 *AE* 和正平线 *CD*。根据一边平行于投影面的直角的投影特性可知:*KL* 的 H 面投影 *kl* 应垂直于 *AE* 的 H 面投影 *ae*;*KL* 的 V 面投影 *k'l'* 应垂直于 *CD* 的 V 面投影 *c'd'*,如图 6-18(b)所示。

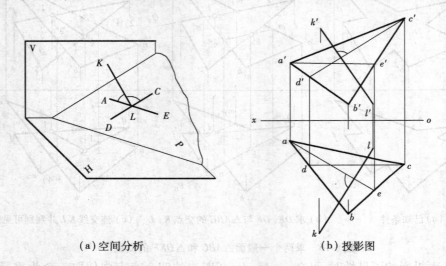

(a)空间分析　　　　　　　　　　　　(b)投影图

图 6-18　直线和平面垂直

由此得出结论:若直线垂直于平面,则

(1)直线的 H 面投影垂直于属于平面的水平线的 H 面投影。

(2)直线的 V 面投影垂直于属于平面的正平线的 V 面投影。

反之,在投影图中,若直线的 H 面投影垂直于属于平面的水平线的 H 面投影;直线的 V 面投影垂直于属于平面的正平线的 V 面投影,则此直线在空间垂直于该平面。

根据上述投影特性,可以在投影图上过一点作直线垂直于平面;过一点作平面垂直于直线;或判别直线与平面是否垂直等有关直线和平面垂直的其他作图问题。

【例 6-6】　求点 *K* 至△*ABC* 的距离(图 6-19(a))。

【解】　点至平面的距离应通过已知点向平面作垂线,其已知点与垂足点之间的距离即为所求。根据上述结论,先过△*ABC* 的点 *B* 和点 *A*,作属于△*ABC* 的水平线 *BE* 和正平线 *AD*。再过点 *K* 作 *KF* 分别垂直于 *BE* 和 *AD*,则 *KF* 即垂直于△*ABC*。然后再求出所作垂线 *KF* 与△*ABC* 的交点 *L*,则 *KL* 即为所求。具体作图如下:

(1)作水平线 *BE*。过 *b'* 作 *b'e' // OX*,再由 *b'e'* 求出 *be*。

(2)作正平线 *AD*。过 *a* 作 *ad // OX*,再由 *ad* 求出 *a'd'*。

(3)过 *K* 作 *KF* 分别与水平线 *BE* 和正平线 *AD* 垂直。为此,过 *k* 和 *k'* 分别作 *kf⊥be*,*k'f' ⊥ a'd'*。*KF* 即为过点 *K* 向△*ABC* 所作的垂线(图 6-19(b))。

(4)求出 *KF* 与△*ABC* 的交点(即垂足点)*L*。然后,再利用直角三角形法求出 *KL* 的实长为 *k₁l*,即是点 *K* 到△*ABC* 的距离(图 6-19(c))。

【例 6-7】　求点 *K* 至直线 *AB* 的距离(图 6-20(a))。

【解】　点到直线的距离应通过已知点向直线作垂面,所作垂面与已知直线的交点即为垂足点,已知点与垂足点之间的距离即为所求。为此,先过点 *K* 作一条水平线 *K*Ⅰ和正平线 *K*Ⅱ

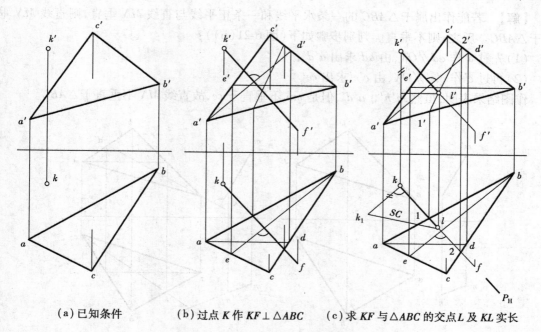

（a）已知条件　　　（b）过点 K 作 KF⊥△ABC　　（c）求 KF 与△ABC 的交点 L 及 KL 实长

图 6-19　求点 K 至△ABC 的距离

垂直于已知直线 AB，则相交二直线 KⅠ，KⅡ 所确定的平面即为过点 K 向直线 AB 所作的垂面。然后再求出直线 AB 与所作垂面的交点 L，则 KL 即为所求。具体作图步骤如下：

（1）过点 K 向直线 AB 作垂面。即过 k 作 k1⊥ab，过 k' 作 k'1'∥OX；再过 k' 作 k'2'⊥a'b'，过 k 作 k2∥OX。相交二直线 KⅠ 和 KⅡ 所确定的平面即为所求（图 6-20（b））。

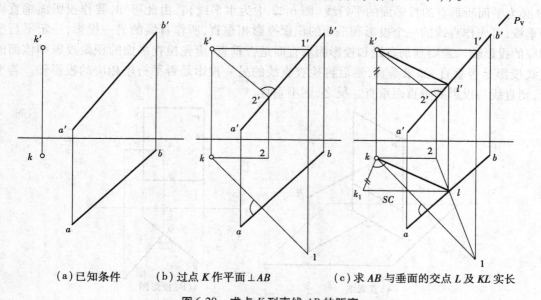

（a）已知条件　　（b）过点 K 作平面⊥AB　　　（c）求 AB 与垂面的交点 L 及 KL 实长

图 6-20　求点 K 到直线 AB 的距离

（2）求出已知直线 AB 与所作垂面 KⅠⅡ 的交点（即垂足点）L。然后，再利用直角三角形法求出 KL 的实长 k_1l，即为点 K 到直线 AB 的距离（图 6-20（c））。

【例 6-8】　已知直线 MN 和△ABC 的 H，V 面投影，判别它们是否垂直（图 6-21（a））。

【解】 若能作出属于△ABC的一条水平线和一条正平线与直线MN垂直,则直线MN垂直于△ABC。反之,则不垂直。判别步骤如下(图6-21(b)):

(1)先过a作ad∥OX,由ad求出a'd';

(2)再过c'作c'e'∥OX,由c'e'求出ce。

作图结果表明,虽然m'n'⊥a'd',但是mn不垂直于ce,故直线MN不垂直于△ABC。

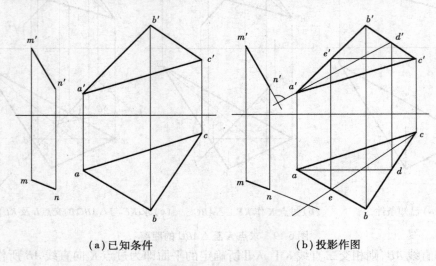

(a)已知条件　　　　　　　　　(b)投影作图

图6-21　判别直线MN是否垂直于△ABC

应当注意,当直线AB垂直于投影面垂直面P时,(图6-22所求为直线AB垂直于铅垂面P),则直线在P所垂直的投影面的投影与平面的积聚投影相垂直。此时,垂直于平面的直线AB必为平面所垂直的投影面的平行线(图6-22中为水平线)。由此可知,要作投影面垂直面的垂线,可先作直线的一个投影和平面的积聚投影相垂直,所作直线的另一投影,一定平行于相应的投影轴。若要判别直线和投影面垂直面是否垂直,应先检查平面的积聚投影和该面的直线投影是否垂直,如果垂直,然后再检查直线的另一投影是否平行于相应的投影轴。若平行,则直线与投影面垂直面垂直。反之,则不垂直。

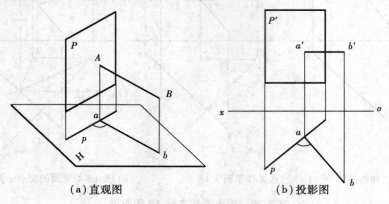

(a)直观图　　　　　　　　　(b)投影图

图6-22　直线和投影面垂直面相垂直

二、两平面互相垂直

两平面互相垂直的几何条件:若两平面互相垂直,则从属于甲平面的任一点向乙平面所作的垂线必属于甲平面。

图 6-23 所求,从属于平面 Q 的任一点 A 向平面 P 作垂线 AB,若 AB 属于平面 Q,则平面 Q 便垂直于平面 P(图中 AB 属于平面 Q)。反之,若 AB 不属于平面 Q,则平面 Q 不垂直于平面 P。如果 AB 垂直于平面 P,则包含 AB 的所有平面均垂直于平面 P。

利用上述几何条件,即可判别两已知平面是否垂直,或作一平面垂直于另一已知平面。

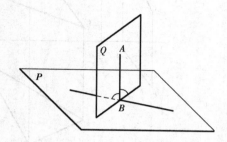

图 6-23　两平面互相垂直的几何条件

【**例 6-9**】　试判别 $\triangle ABC$ 和 $\triangle DEF$ 是否垂直(图 6-24(a))。

【**解**】　(1)分析:若能作出一条属于 $\triangle DEF$ 的直线垂直于 $\triangle ABC$,则两平面就互相垂直。反之,则不垂直。

(2)投影作图(图 6-24(b)):

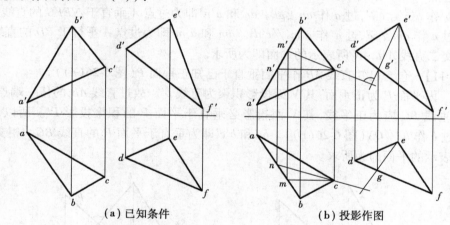

(a)已知条件　　　　　　　　(b)投影作图

图 6-24　判别两平面 $\triangle ABC$ 和 $\triangle DEF$ 是否垂直

①过点 C 作一条属于 $\triangle ABC$ 的正平线 CM。即过 c 作 $cm /\!/ OX$,并由 cm 求出 $c'm'$;

②再过点 C 作一条属于 $\triangle ABC$ 的水平线 CN。即过 c' 作 $c'n' /\!/ OX$,并由 $c'n'$ 求出 cn;

③过 $\triangle DEF$ 的顶点 E 的 V 面投影 e' 作 $e'g' \perp c'm'$,并根据 EG 属于 $\triangle DEF$ 求出 eg;

④从图 6-24(b)中可知,检查其 eg 不垂直于水平线 CN 的 H 面投影 cn,这就说明 EG 不垂直于 $\triangle ABC$,故 $\triangle ABC$ 和 $\triangle DEF$ 不互相垂直。

【**例 6-10**】　过点 A 作平面平行于直线 CD,且垂直于 $\triangle EFG$(图 6-25(a))。

【**解**】　(1)分析:过点 A 可以向 $\triangle EFG$ 作一条垂线,包含该垂线的所有平面均垂直于 $\triangle EFG$。但是,所作平面还要平行于直线 CD,故它必须包含一条平行于 CD 的直线。因此,我们可用相交二直线表示所作平面,其中一条垂直于 $\triangle EFG$,另一条则平行于直线 CD。

(2)投影作图(图 6-25(b)):

①过点 G 作一条属于 $\triangle EFG$ 的水平线 GK。为此,应过 g' 作 $g'k' /\!/ OX$,再由 $g'k'$ 求出 gk;

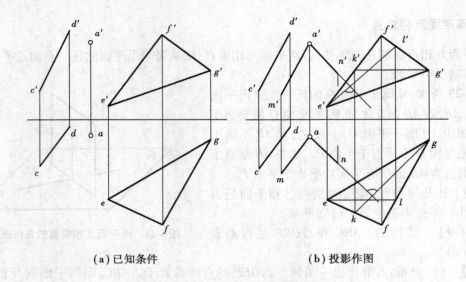

(a) 已知条件　　　　　　　　(b) 投影作图

图 6-25　过点 A 作平面平行于直线 CD 且垂直于△EFG

②再过点 E 作一条属于△EFG 的正平线 EL。因此,可过 e 作 el∥OX,再由 el 求出 e'l';

③过 a' 作 a'n'⊥e'l',过 a 作 an⊥gk。an 和 a'n' 即为过点 A 垂直于△EFG 的直线 AN;

④再过 a 作 am∥cd,过 a' 作 a'm'∥c'd'。am 和 a'm' 即为过点 A 平行于 CD 的直线 AM;

⑤相交二直线 AM,AN 所表示的平面即为所求。

【例 6-11】　包含已知直线 AB 作平面垂直于已知正垂面 P(图 6-26(a))。

【解】　因平面 P 为正垂面,其 V 面投影积聚为直线 p'。故过直线 AB 的任一端点 B 向平面 P 所作垂线 BC 应为正平线,其 V 面投影必垂直于平面 P 的积聚投影 P'。所以,过 b' 作 b'c'⊥P',过 b 作 bc∥OX(图 6-26(b))。bc 和 b'c' 即为垂直于平面 P 的直线 BC。相交二直线 AB,BC 所表示的平面即为所求。

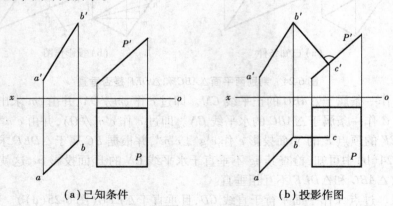

(a) 已知条件　　　　　　　　(b) 投影作图

图 6-26　包含直线 AB 作平面垂直于平面 P

应当注意,当互相垂直的两平面同时为某投影面的垂直面时,则两平面的积聚投影互相垂直(图 6-27)。

判别两个同一投影面的垂直面是否互相垂直时,不需作图,只要检查其积聚投影是否垂直即可。

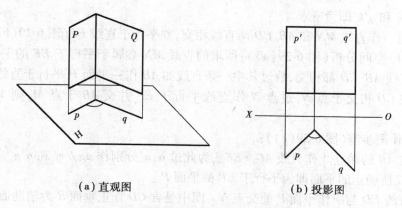

（a）直观图　　　　　　　（b）投影图

图 6-27　互相垂直的两投影面垂直面

学完本章之后，即可解决有关点、直线、平面之间的投影作图问题。在解决这些问题时，首先要根据立体几何的有关知识进行分析，想象出它们的空间关系，确定解题的方法和步骤，然后在投影图中进行作图。

【例 6-12】　过点 A 作直线 AK 既平行于 $\triangle DEF$，又和直线 BC 相交（图 6-28（b））。

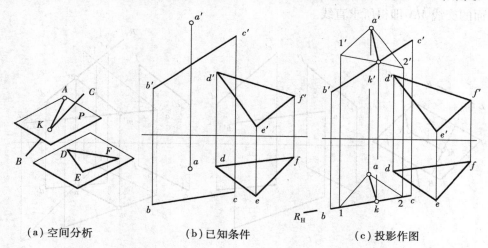

（a）空间分析　　　　　（b）已知条件　　　　　（c）投影作图

图 6-28　过点 A 作直线 AK 平行于 $\triangle DEF$ 且和直线 BC 相交

【解】　（1）空间分析（图 6-28（a））：所作直线要满足两个条件：与 $\triangle DEF$ 平行；与直线 BC 相交。满足第一个条件有无数解，这些解的轨迹是一个通过点 A 并与 $\triangle DEF$ 平行的平面 P，这个轨迹平面 P 可以先画出。画出 P 面后，再求出已知直线 BC 和 P 面的交点 K，则直线 AK 即为所求。

（2）投影作图步骤（图 6-28（c））：

①过点 A 作平面 P（图中用 $\triangle A\,\text{I}\,\text{II}$ 表示）平行于 $\triangle DEF$；为此，过 a 分别作 $a1 /\!/ ef$ 和 $a2 /\!/ de$，过 a' 作 $a'1' /\!/ e'f'$ 和 $a'2' /\!/ d'e'$。

②求出已知直线 BC 和平面 P（即 $\triangle A\,\text{I}\,\text{II}$）的交点 K；为此，含 BC 作铅垂面 R 为辅助面，则 R_H 与 bc 重合，在 H 面投影中直接定出平面 R 与平面 P 的交线的 H 面投影 12，由 12 求出 $1'2'$。则 $1'2'$ 与 $b'c'$ 的交点 k' 即为交点 K 的 V 面投影。再由 k' 求出 k，即求出了交点 K 的两个投影 k 和 k'。

③连接 ak 和 $a'k'$ 即为所求。

【例6-13】 作直线 MN 和 AB,CD 两直线相交,并平行于直线 EF(图6-29(b))。

【解】 (1)空间分析(图6-29(a)):所求的直线 MN 必属于平行于 EF 的平面,而 MN 又要与相叉两直线 AB、CD 都相交,故过其中一条直线如 AB 作一平面 P 平行于直线 EF,所作平面与另一直线 CD 相交于点 N,过点 N 作直线平行于 EF 并交 AB 于点 M,则 MN 即为所求直线。

(2)投影作图步骤(图6-29(c)):

①过直线 AB 的端点 A 作直线 AG∥EF。为此过 a,a' 分别作 ag∥ef 和 $a'g'$∥$e'f'$,相交两直线 AB 和 AG 所确定的平面即为平行于 EF 的平面 P。

②求出直线 CD 与所作平面 P 的交点 N。图中是含 CD 作正垂面 R 为辅助面,则 R_V 与 $c'd'$ 重合,在 V 面投影中可直接定出 P,R 两平面交线的 V 面投影 $1'2'$,由 $1'2'$ 求出 12。则 12 与 cd 的交点 n 即为交点 N 的 H 面投影,再由 n 求出 n'。

③过点 N 作直线 MN∥EF。即过 n 作 nm∥ef,并与 ab 交于 m,过 n' 作 $n'm'$∥$e'f'$,且交 $a'b'$ 于 m'。注意,mm' 必垂直于 OX。$mn,m'n'$ 即为所求直线 MN。

本题还有另一种解法。即过相叉两直线 AB、CD 分别作平面 P,Q 平行于直线 EF,求出 P,Q 两平面的交线 MN 即得所求直线。

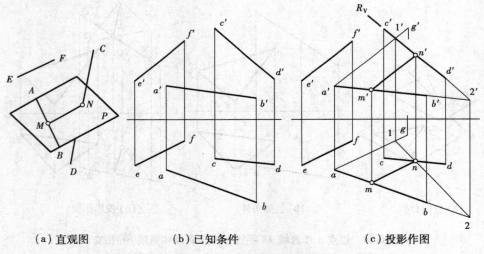

(a)直观图   (b)已知条件   (c)投影作图

图6-29 作直线 MN 和 AB,CD 相交且平行于 EF

【例6-14】 以 AB 为底边作一等腰△ABC,使其顶点 C 属于直线 MN(图6-30(b))。

【解】 (1)空间分析(图6-30(a)):因 AB 为等腰△ABC 的底边,其顶点 C 应属于 AB 的中垂面,而本题又要求顶点 C 属于 MN,故顶点 C 应为 AB 的中垂面和 MN 的交点。

(2)投影作图步骤(图6-30(c)):

①作 AB 的中垂面。首先定出 AB 的中点 D 的投影 d 和 d',过 d',d 分别作 $d'e'$∥OX,de⊥ab 以及 $d'f'$⊥$a'b'$,df∥OX。则 DE,DF 所示平面即为 AB 的中垂面。

②求 MN 与所作中垂面 DEF 的交点 C。为此含 MN 作正垂面 Q 为辅助平面,不难确定平面 Q 与中垂面的交线的投影 $ef,e'f'$。ef 与 mn 的交点 c 即为所求顶点 C 和 H 面投影,由 c 求出 c'。

③分别连接 abc 和 $a'b'c'$ 即为所求。

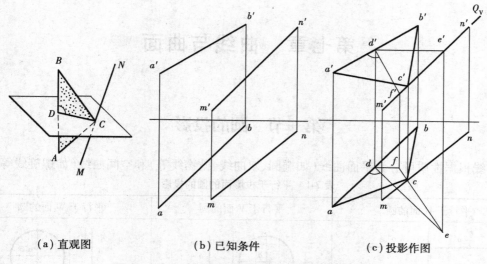

（a）直观图　　　　　　　　（b）已知条件　　　　　　　（c）投影作图

图 6-30　以 AB 为底作顶点属于 MN 的等腰三角形

思 考 题

1. 直线与平面平行、两平面平行的几何条件是什么？如何在投影图中判别它们是否平行？

2. 怎样求投影面垂直面和一般直线的交点、投影面垂直线和一般平面的交点？

3. 如何求特殊位置平面和一般位置平面的交线？

4. 试述求一般直线和一般平面的交点的作图步骤。

5. 如何判别直线和平面相交后直线的可见性？

6. 试述直线与平面垂直、两平面垂直的几何条件和投影特性。

7. 举例说明如何求点到平面的真实距离。

8. 举例说明如何求点到直线的真实距离。

9. 怎样过已知点作平面垂直于已知平面？

第七章 曲线与曲面

第一节 圆的投影

曲线根据性质可分为平面曲线(如椭圆、双曲线、抛物线等)和空间曲线(如螺旋线等)。

表7-1 平行于投影面的圆的投影

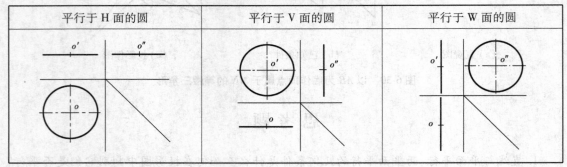

平行于 H 面的圆	平行于 V 面的圆	平行于 W 面的圆

平面曲线具有平面的一切性质(如实形性、积聚性等)。圆是较特殊的平面曲线,当圆平行于投影面时,其投影特征如表7-1所示。

从表7-1可看出,平行于某投影面的圆,在该投影面上反映实形,其他二投影均积聚成直线,且平行于相应的轴。作其投影时,只要先定出圆心位置,然后用已知半径画圆即可。

当圆仅垂直于某投影面时,如图7-1所示,垂直于 V 面的圆,它在 V 面上的投影积聚成一直线,其他二投影为椭圆。椭圆的作法:圆心 O 的 H 投影是椭圆中心 O,椭圆长轴是圆内垂直于 V 面的直径 AB 的 H 面投影 ab,椭圆短轴是圆内平行于 V 面投影的直径 CD 的 H 面投影 cd。由该长短轴即可作出椭圆。

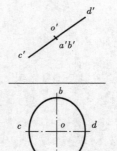

图7-1 垂直于 V 面的圆的投影

当圆既不平行又不垂直于投影面时,它的三个投影均为椭圆。

第二节 圆柱螺旋线和圆柱正螺旋面

一、圆柱螺旋线

(一)圆柱螺旋线的形成

一点沿着圆柱面的直母线做等速直线运动,同时该母线绕圆柱面的轴线做等角速旋转运动,则属于圆柱面的该点的轨迹曲线,称为圆柱螺旋线。如图7-2所示,其中圆柱称为导圆柱,形成圆柱螺旋线必具备三个要素:

（1）D——导圆柱的直径。

（2）S——导程。是动点（Ⅰ）旋转一周时，沿轴线方向移动的一段距离。

（3）旋向——分右旋、左旋两种旋向。设以握拳的大姆指指向表示动点（Ⅰ）沿直母线移动的方向，其余四指的指向表示直线的旋转方向，若符合右手情况时称为右螺旋线，如图7-2（a）所示；若符合左手情况时称为左螺旋线，如图7-2（b）所示。

（二）圆柱螺旋线的投影

如图7-3（a）所示，导圆柱轴线⊥H面。

（1）由导圆柱直径 D 和导程 S 画出导圆柱的 H，V 面投影。

（2）将 H 面投影的圆分为若干等分（图中为12等分）；根据旋向，注出各点的顺序号，如 1，2，3，…，13。

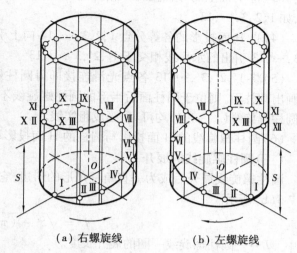

（a）右螺旋线　　　（b）左螺旋线

图7-2　圆柱螺旋线的形成

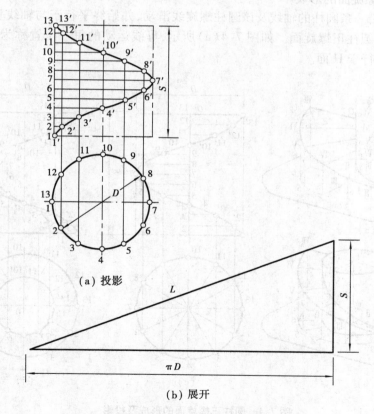

（a）投影

（b）展开

图7-3　圆柱螺旋线的投影及展开

（3）将 V 面上的导程投影 S 相应地分成同样等分（图中 12 等分），各点自下向上依次编号，如 1，2，3，…，13。

（4）自 H 面投影的各等分点 1，2，3，…，13 向上引垂线，与过 V 面投影的各同序号分点 1，2，3，…，13 引出的水平线相交于 1′，2′，3′，…，13′。

（5）将 1′，2′，3′，…，13′各点光滑连接即得圆柱螺旋线的 V 面投影，它是一条正弦曲线。若画出圆柱面，则位于圆柱面后半部的圆柱螺旋线不可见，画成虚线。若不画出圆柱面，则全部圆柱螺旋线（1′～13′）均可见，画成粗实线。

（6）圆柱螺旋线的 H 面投影与圆柱的 H 面投影积聚为一圆。

（三）圆柱螺旋线的展开

圆柱螺旋线展开后成为一直角三角形的斜边，它的两条直角边的长度分别为 πD 和 S，如图 7-3（b）所示。

$$L = \sqrt{S^2 + (\pi D)^2}$$

式中 L——圆柱螺旋线一圈的展开长度。

二、圆柱正螺旋面

（一）圆柱正螺旋面的形成

当一直母线沿一条圆柱的轴线及该圆柱螺旋线滑动，并始终平行于与轴线垂直的平面而形成的曲面，称为圆柱正螺旋面。如图 7-4（a）所示，母线运动的每一位置称为素线，各素线 II_0，III_0…均平行于 H 面。

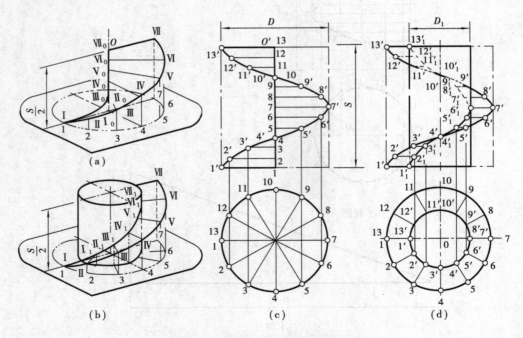

图 7-4 圆柱正螺旋面的形成及投影

（二）圆柱正螺旋面的投影

（1）画出轴线 OO 和圆柱螺旋线的 H，V 面投影，如图 7-3（a）所示。

（2）画出若干素线的 H,V 面投影(图中画 12 条)，如图 7-4(c)所示。素线的 H 面投影是过圆柱螺旋线的各分点的 H 面投影引向圆心的直线，素线的 V 面投影是过圆柱螺旋线上各分点的 V 面投影引到轴线的水平线。

（3）圆柱正螺旋面与一个同轴的直径为 D_1 的小圆柱相交，如图 7-4(b)，其截交线仍是一相同导程的圆柱螺旋线 $I_1 II_1 III_1$…，此圆柱螺旋线的投影，如图 7-4(d)的 $1_1'$ 至 $13_1'$ 所示。画法仍同图 7-3(a)。

大圆柱和小圆柱之间的圆柱正螺旋面（即图 7-4(b)中，圆柱螺旋线 $I II III$… 和 $I_1 II_1 III_1$… 之间的圆柱正螺旋面），其投影如图 7-4(d)所示。

V 面投影中，被小圆柱遮住的圆柱正螺旋面不可见，画成虚线。

三、螺旋楼梯的投影

1. 已知

螺旋楼梯内、外圆柱的直径(D_1，D)，导程(S)，右旋，步级数（12），每步高($S/12$)，梯板竖向厚度(δ)，如图 7-5 所示。

2. 分析

螺旋楼梯由每一步级的扇形踏面($P /\!/$ H 面)和矩形踢面($T \perp$ H 面)、内、外侧面(Q_1，Q 均为垂直于 H 面的圆柱面)、底面(R 是圆柱螺旋面)所围成。画螺旋楼梯的投影就是画出这些表面的投影。

3. 画图

（1）图 7-6(a)，画轴线及中心线；在 H 面上由 D_1，D 分别画圆，即螺旋楼梯内、外侧面的 H 投影，按右旋方向和步级数 12，从水平中心线的右侧开始，将内外圆作 12 个等分，得分点，并将分点分别编号（内圆 $1_1 \sim 13_1$，外圆 $1 \sim 13$），把内外圆上同号点

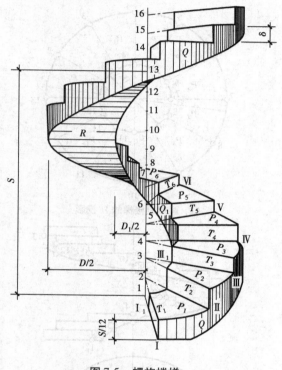

图 7-5　螺旋楼梯

相连，即为相应踢面在 H 面上的积聚投影；内外圆间的 12 个扇形，即相应踏面实形在 H 面上的投影。至此，完成螺旋楼梯的 H 投影。

在 V 面轴线上定导程 S，且将 S 作 12 等分，并将所得分点编号 $1 \sim 13$。

（2）图 7-6(b)，画各踢面的 V 投影。每一踢面均是垂直于 H 面的矩形，矩形下边线的序号与 V 面中轴线上的等分序号相同，如由 H 面上 1，1_1 两点向上作竖直线与过 V 面轴线上同序号点的水平线相交得 $1'$，$1_1'$ 两点，该两点就是矩形踢面 T_1 的下边线，然后由这两点向上作竖直线与过轴线上序号为 2 的水平线相交，就得矩形踢面的上边线。这里，每一矩形踢面的上边线位置即是同级踏面的 V 面投影积聚位置，踏面积聚投影长度由相应踏面的 H 面投影确定，如由 H 投影的 2，2_1 向上作竖直线来确定 $2'$，$2_1'$ 的长度。其他点也同样根据 H 投影画出 V 投影。轴线左侧的踢面不可见，画成虚线。

（3）在 V 投影中画可见的螺旋线。如图 7-6 中(c)、(d)所示，螺旋楼梯在 V 投影中的可

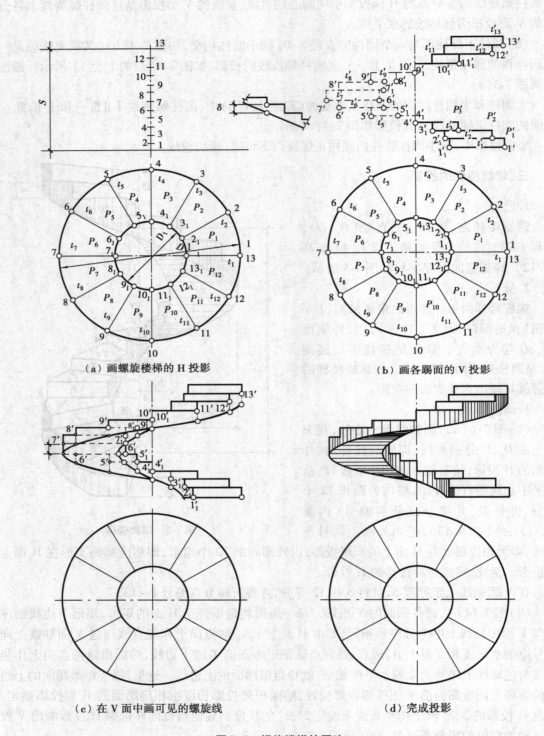

（a）画螺旋楼梯的 H 投影

（b）画各踢面的 V 投影

（c）在 V 面中画可见的螺旋线

（d）完成投影

图 7-6　螺旋楼梯的画法

见性是:在前半的外侧面可见,后半的内侧面可见;右旋时,轴线右侧的踢面可见,轴线左侧的底面(圆柱正螺旋面)可见(当左旋时,前半的外侧面可见,后半的内侧面可见;轴线左侧的踢面可见,轴线右侧的底面可见)。螺旋楼梯底面内圆柱螺旋线可见的是一圈的先 3/4 段,楼梯底面外螺旋线可见的是一圈的后 3/4 段。所以,由踢面下边线位于一圈内侧面的先 3/4 段的各端点(即 $1'_1$ ~ $10'_1$ 点)和踢面下边线位于一圈外侧面的后 3/4 段上的各端点($4'$ ~ $13'$),均向下移动一个梯板竖向厚度(δ),得相应各点,再分别用曲线板依次光滑连接,即得可见螺旋线的 V 投影。

(4)改正图线,完成全图。即将左侧外形线加深,擦去不可见虚线,加深其余可见线,如图 7-6(d)所示。

思 考 题

1. 平面曲线与空间曲线有何区别? 各有哪些主要特性?

2. 圆柱螺旋线和圆柱正螺旋面是如何形成的? 如何画投影图?

第八章　立　体

各种形体,无论其形状多么复杂,总可以将其分解成简单的几何形体。常见的几何形体按其形状、类型不同可分为平面立体和曲面立体。表面全部由平面组成的立体称为平面立体,常见的有棱柱、棱锥等;表面全是曲面或既有曲面又有平面的立体称为曲面立体,常见的有圆柱、圆锥、球等。

本章主要讲解各种立体的形成及投影;立体各表面的可见性;立体表面上取点及其可见性;平面与立体表面的交线——截交线的投影;直线与立体表面的交点——贯穿点的投影。

第一节　平面立体的投影及截割体

一、棱柱

(一)形成

由上下两个平行的多边形平面(底面)和其余相邻两个面(棱面)的交线(棱线)都互相平行的平面所组成的立体称为棱柱。

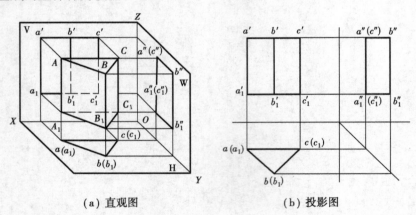

（a）直观图　　　　　　　（b）投影图

图 8-1　三棱柱的投影

棱柱的特点:上、下底面平行且相等;各棱线平行且相等;底面的边数 = 侧棱面数 = 侧棱线数;表面总数 = 底面边数 + 2。图 8-1(a)是直三棱柱,其上、下底面为三角形,侧棱线垂直于底面,三个侧棱面均为矩形,共 5 个表面。

(二)投影

1. 安放位置

同一形体因安放位置不同其投影也有所不同。为作图简便,应将形体的表面尽量平行或垂直于投影面。如图 8-1(a)放置的三棱柱,上、下底面平行于 H 面,后棱面平行于 V 面,则左、右棱面垂直于 H 面。这样安放的三棱柱投影就较简单。

2. 投影分析(图8-1(a))

H 面投影:是一个三角形。它是上、下底面实形投影的重合(上底面可见,下底面不可见)。由于三个侧棱面都垂直于 H 面,所以三角形的三条边即为三个侧棱面的积聚投影;三角形的三个顶点为三条棱线的积聚投影。

V 面投影:是两个小矩形合成的一个大矩形。左、右矩形分别为左、右棱面的投影(可见);大矩形是后棱面的实形投影(不可见);大矩形的上、下边线是上、下底面的积聚投影。

W 面投影:是一个矩形。它是左、右棱面投影的重合(左侧棱面可见,右侧棱面不可见)。矩形的上、下、左边线分别是上、下底面和后棱面的积聚投影;矩形的右边线是前棱线 BB_1 的投影。

3. 作图步骤(图8-1(b))

(1)画上、下底面的各投影。先画 H 面上的实形投影,即 $\triangle abc$,后画 V、W 面上的积聚投影,即 $a'c'$,$a_1'c_1'$,$a''c''$,$a_1''c_1''$。

(2)画各棱线的投影,即完成三棱柱的投影。三个投影应保持"三等"关系。

(三)棱柱表面上取点

立体表面上取点的步骤:根据已知点的投影位置及其可见性,分析、判断该点所属的表面;若该表面有积聚性,则可利用积聚投影直接作出点的另一投影,最后作出第三投影;若该表面无积聚性,则可采用平面上取点的方法,过该点在所属表面上作一条辅助线,利用此线作出点的另二投影。

【例8-1】 已知三棱柱表面上 M 点的 H 面投影 m(可见)及 N 点的 V 面投影 n'(可见),求 M,N 点的另外二投影(图8-2(a))。

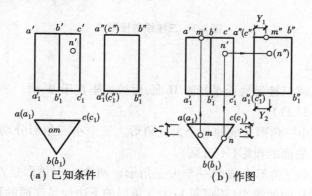

(a) 已知条件　　　(b) 作图

图8-2 棱柱表面取点

【解】 (1)分析:由于 m 可见,则可判断 M 点属三棱柱上底面 $\triangle ABC$;n' 点可见,则可判断 N 点属右棱面。由于上底面、右棱面都有积聚投影,则 M 点、N 点的另一投影可直接求出。

(2)作图(图8-2(b)):

①由 m 向上作 OX 轴垂线(以下简称垂线)与上底面在 V 面的积聚投影 $a'b'c'$ 相当于 m';由 m,m' 及 Y_1,求得 m''。

②由 n' 向下作垂线与右棱面 H 面的积聚投影 bc 相交于 n;由 n',n 及 Y_2 求得 n''。

(3)判别可见性:点的可见性与点所在的表面的可见性是一致的。如右棱面的 W 面投影不可见,则 n'' 不可见。当点的投影在平面的积聚投影上时,一般不判别其可见性,如 m',m'' 和 n。

二、棱锥

(一)形成

由一个多边形平面(底面)和其余相邻两个面(侧棱面)的交线(棱线)都相交于一点(顶点)的平面所围成的立体称为棱锥。

棱锥的特点:底面为多边形;各侧棱线相交于一点;底面的边数=侧棱面数=侧棱线数;表面总数=底面边数+1。图 8-3(a)是三棱锥,由底面(△ABC)和三个侧棱面(△SAB、△SBC、△SAC)围成,共 4 个表面。

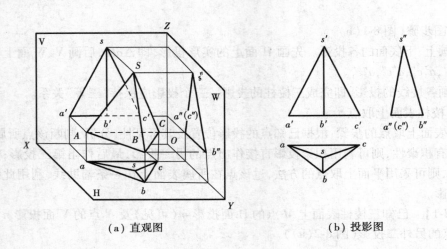

(a) 直观图   (b) 投影图

图 8-3 三棱锥的投影

(二)投影

1. 安放位置

如图 8-3(a)所示,将三棱锥底面平行于 H 面,后棱面垂直于 W 面。

2. 投影分析(图 8-3(a))

H 面投影:是三个小三角形合成的一个大三角形。三个小三角形分别是三个侧棱面的投影(可见);大三角形是底面的投影(不可见)。

V 面投影:是两个小三角形合成的一个大三角形。两个小三角形是左、右侧棱面的投影(可见);大三角形是后棱面的投影(不可见);大三角形的下边线是底面的积聚投影。

W 面投影:是一个三角形。它是左、右侧棱面投影的重合,左侧棱面可见,右侧棱面不可见;三角形的左边线、下边线分别是后棱面和底面的积聚投影。

3. 作图步骤(图 8-3(b))

(1)画底面的各投影。先画 H 面上的实形投影,即△abc,后画 V 面、W 面上的积聚投影,即 a'c'、a"c"。

(2)画顶点 S 的三面投影,即 s、s'、s"。

(3)画各棱线的三面投影,即完成三棱锥的投影。

(三)棱锥表面上取点

【例 8-2】 已知三棱锥表面上的 M 点的 H 面投影 m(可见)和 N 点的 V 面投影(不可

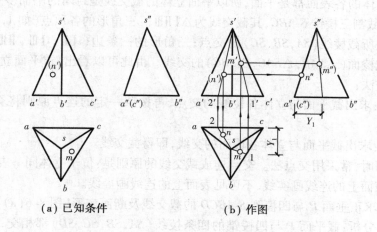

（a）已知条件　　　　　　（b）作图

图 8-4　棱锥表面取点

见），求 M,N 点的另外二投影（图 8-4(a)）。

【解】　（1）分析：由于 m 可见，则 M 点属△SBC；n' 不可见，则 N 点属于△SAC，利用平面上取点的方法即可求得所缺投影。

（2）作图（图 8-4(b)）：

①连接 sm 并延长交 bc 于 1；由 1 向上引垂线交 $b'c'$ 于 $1'$；连接 $s'1'$ 与过 m 向上的垂线相交于 m'；由 1 及 y_1 求得 $1'$，从而求得 m''。

②连接 $s'n'$ 并延长交 $a'b'$ 于 $2'$；由 $2'$ 向下引垂线交 ac 于 2；连接 $s2$ 与过 n' 向下的垂线相交于 n；由 n' 向右作 OZ 轴的垂线（即 OX 轴的平行线，以下简称平线）交 $s''a''$ 即得 n''。

（3）判断可见性：M 点属△SBC，因△$s'b'c'$ 可见，则 m' 点可见；△$s''b''c''$ 不可见，则 m'' 不可见。N 点属△SAC，因△sac 可见，则 n 可见；△$s''a''c''$ 有积聚性，故 n'' 不判别可见性。

三、平面截割立体

平面截割立体，即平面与立体相交（图 8-5）。截割立体的平面称为截平面。截平面与立体表面的交线称为截交线。截交线围成的封闭的平面图形称为断面。

截平面截割立体的位置不同，所得截交线的形状也有所不同，但任何截交线都具有以下共同性质：

（1）由于立体有一定的范围，所以截交线通常是封闭的平面图形。

（2）截交线是截平面和立体表面的共有线，截交上的每个点都是截平面与立体表面的共有点。

因此，求截交线的问题，实质为求截平面与立体表面共有点的问题。

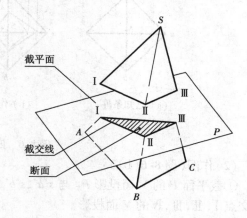

图 8-5　平面立体的截交线

由于平面立体的各表面都是平面,所以平面立体的截交线是封闭的平面多边形。如图8-5所示,截平面 P 截割三棱锥 $S\text{-}ABC$,其截交线为△ⅠⅡⅢ。三角形的各顶点(如Ⅰ,Ⅱ,Ⅲ)分别是截平面与三棱锥所截棱线(SA,SB,SC)的交点;三角形的三条边(ⅠⅡ,ⅠⅢ,ⅡⅢ)分别是截平面与三棱锥所截棱面(△SAB,△SAC,△SBC)的交线。由此可以看出,求平面立体的截交线可采用以下两种方法:

(1)交点法:求出截平面与立体各棱线的交点,再按照一定的连点原则将交点相连,即得截交线。

(2)交线法:求出截平面与立体各棱面的交线,即得截交线。

在实际作图时,常采用交点法。交点连成截交线的原则是:位于立体同一表面上的两点才能相连。可见表面上的连线画实线,不可见表面上的连线画虚线。

【例8-3】 求正垂面 P 与四棱锥 $S\text{-}ABCD$ 的截交线及断面实形(图8-6(a))。

【解】 (1)分析:截平面 P 与四棱锥的四条棱线(SA,SB,SC,SD)都相交,截交线为一四边形。截平面 P 为正垂面,其 V 面投影有积聚性,可以判断,截交线的 V 面投影积聚在 P_V 上,故只需求出截交线的 H 面投影。

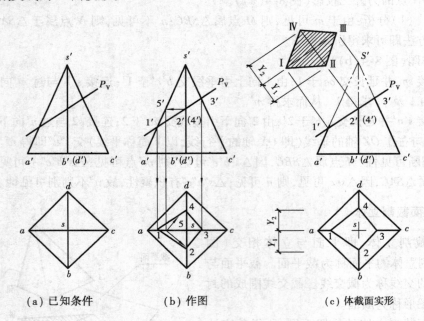

(a) 已知条件 (b) 作图 (c) 体截面实形

图8-6 四棱锥的截交线

(2)作图(图8-6(b)):

①截平面 P 的 V 面投影 P_V 与 $s'a'$,$s'b'$,$s'c'$,$s'd'$ 的交点 $1'$,$2'$,$3'$,$4'$ 即为截平面与各棱线的交点Ⅰ,Ⅱ,Ⅲ,Ⅳ的 V 面投影。

②由 $1'$,$3'$ 向下引垂线,在 sa 和 sc 上得Ⅰ,Ⅲ点的 H 面投影 1,3。

③点Ⅱ,Ⅳ的 H 面投影不能直接求得,需过 $2'$($4'$)在棱面 SAB 和 SAD 上作一辅助线。即过 $2'$($4'$)作 OX 轴的平行线,交 $s'a'$ 于 $5'$,由 $5'$ 得 5,过 5 点分别作 ab 和 ad 的平行线,交 sb 和 sd 于 2,4。

④将属于同一棱面上的两交点的 H 面投影依次相连,得到截交线的 H 面投影 1—2—3—

4—1。截交线的 V 面投影为 P_v 在四棱锥 V 面投影范围内的一线段。

（3）判别可见性：由于四棱锥的四个侧棱面的 H 面投影均可见，故截交线的 H 面投影全部可见。

（4）作断面实形：断面实形如图 8-6（c）所示，其中实形的对角线 ⅠⅢ 等于 1′3′，ⅢⅣ 等于 2，4。

【例 8-4】 求四棱锥 S-$ABCD$ 被平面 P，Q 截割后的投影（图 8-7（a））。

【解】 （1）分析：四棱锥被水平面 P 和正垂面 Q 所截，先分别求出 P，Q 二平面与四棱锥的截交线，再画出 P，Q 二截平面的交线即可。

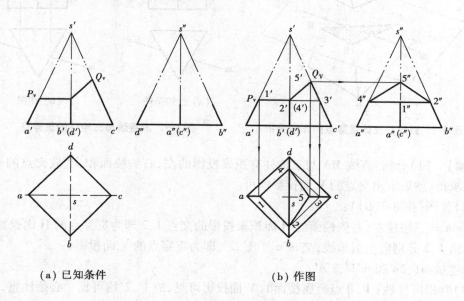

（a）已知条件　　　　　　　　　（b）作图

图 8-7　平面截割四棱锥

（2）作图（图 8-7（b））：

①截平面 P 为水平面，如果完全截断四棱锥，其截交线为与四棱锥底面四边形 $ABCD$ 相似的四边形 ⅠⅡⅢⅣ，由 1′，2′，3′，4′ 得 1，2，3，4，但实际上 P 平面未完全截断四棱锥，故根据"长对正"关系，截交线实际只存在一部分，即 Ⅲ 和 ⅠⅣ，由 1，2，4 点得 1″，2″，4″。

②截平面 Q 为正垂面，它与四棱锥的三条棱线 SB，SC，SD 相交于 Ⅱ，Ⅴ，Ⅳ点，由 2′，5′，4′ 得 2，5，4 和 2″，5″，4″。

③按连点原则连接 Ⅲ，ⅡⅣ，ⅤⅣ，Ⅳ，同时画出 P，Q 二平面的交线 ⅢⅣ，并加深图线。

（3）判别可见性：本题求四棱锥被截割后的投影（双点画线为假想轮廓线），截交线的 H 面投影全部可见；W 面投影中△2″5″4″可见，△1″2″4″有积聚性。注意，棱线 SC 被截割后的剩余部分的 W 面投影 $S″C″$ 为不可见。

四、直线与平面立体相交

直线与立体表面的交点称为贯穿点。贯穿点即直线与立体表面的共有点。因此求贯穿点的实质就是求直线与平面的交点。当直线与有积聚性投影的表面相交时，应利用积聚投影求解；当直线与无积聚性投影的表面相交时，其作图步骤如下（图 8-8）：

(1)包含已知直线(MN)作一辅助平面(为使作图简便,一般作投影面垂直面)。

(2)求辅助平面(P)与立体的截交线(△ⅠⅡⅢ)。

(3)截交线(△ⅠⅡⅢ)与已知直线(MN)的交点(K,L)即为贯穿点。

【例8-5】 求直线MN与三棱柱的贯穿点(图8-9(a))。

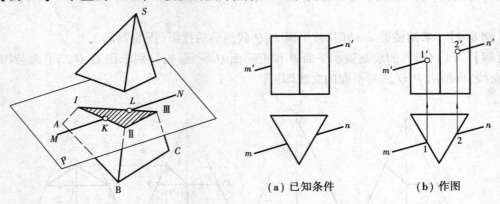

图8-8 直线与立体贯穿点的作图分析　　　　图8-9 求直线与三棱柱的贯穿点

　　（a）已知条件　　　　（b）作图

【解】 (1)分析:直线MN与三棱柱有积聚投影的左、右侧棱面相交,故交点的H面投影可直接求得,然后求出交点的V面投影即可。

(2)作图(图8-9(b)):

①mn与三棱柱左、右侧棱面的H面积聚投影的交点1,2即为贯穿点的H面投影。

②由1,2分别向上引垂线,交m'n'于1',2',即为贯穿点的V面投影。

③连接m1,2n和m'1',2'n'。

(3)判别可见性:Ⅰ,Ⅱ点所属棱面的V面投影可见,故1',2'均可见。必须注意,将直线和立体视为一整体,故直线MN在立体内部中的一段ⅠⅡ并不存在,不能连线。

【例8-6】 求直线MN与三棱锥S-ABC的贯穿点(图8-10(a))。

【解】 (1)分析:直线MN与三棱锥相交的平面的H面、V面投影都无积聚性,应采用上述的作辅助面的方法求解。

(2)作图(图8-10(b)):

①包含MN作正垂面P,与s'a',s'b',s'c'分别相交于1',2',3'。

②由1',2',3'分别向下引垂线,交sa,sb,sc于1,2,3,连接1—2—3—1,即得辅助面P与三棱锥的截交线△ⅠⅡⅢ的H面投影△123。

③直线MN的H面投影mn与△123的交点k,l即为贯穿点的H面投影。

④由k,l分别向上作垂线,交m'n'于k',l',即为贯穿点的V面投影。

(3)判别可见性:△SAC和△SBC的H面投影都可见,故k,l可见,mk,ln画实线;△SBC的V面投影可见,故l'可见,l'n'画实线;△SAC的V面投影不可见,故k'不可见,1'k'画虚线。

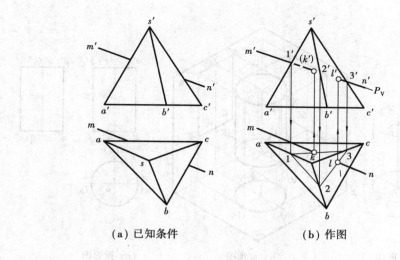

（a）已知条件　　　　　（b）作图

图 8-10　直线与三棱锥的贯穿点

第二节　曲面立体的投影及截割体

常见的曲面立体有圆柱、圆锥、圆球等,它们都是旋转体。

一、圆柱

(一)形成

由矩形(AA_1O_1O)绕其一边(OO_1)为轴旋转运动的轨迹称为圆柱(图 8-11(a))。与轴垂直的两边(OA 和 O_1A_1)的运动轨迹是上、下底圆,与轴平行的一边(AA_1)运动的轨迹是圆柱面。AA_1 称为母线,母线在圆柱面上任一位置称为素线。圆柱面是无数多条素线的集合。圆柱由上、下底圆和圆柱面围成。上、下底圆之间的距离称为圆柱的高。

(二)投影

1. 安放位置

为简便作图,一般将圆柱的轴线垂直于某一投影面。如图 8-11(b),将圆柱的轴线(OO_1)垂直于 H 面,则圆柱面垂直于 H 面,上、下底圆平行于 H 面。

2. 投影分析(图 8-11(b))

H 面投影:为一个圆。它是可见的上底圆和不可见的下底圆实形投影的重合,其圆周是圆柱面的积聚投影,圆周上任一点都是一条素线的积聚投影。

V 面投影:为一矩形。它是可见的前半圆柱和不可见的后半圆柱投影的重合,其对应的 H 面投影是前、后半圆,对应的 W 面投影是右和左半个矩形。矩形的上、下边线($a'b'$ 和 $a_1'b_1'$)是上、下底圆的积聚投影;左、右边线($a'a_1'$ 和 $b'b_1'$)是圆柱最左、最右素线(AA_1 和 BB_1)的投影,也是前半、后半圆柱投影的分界线。

W 面投影:为一矩形。它是可见的左半圆柱和不可见的右半圆柱投影的重合,其对应的 H 面投影是左、右半圆;对应的 V 面投影是左、右半个矩形。矩形的上、下边线($d''c''$ 和 $d_1''c_1''$)是上、下底圆的积聚投影;左、右边线($d''d_1''$ 和 $c''c_1''$)是圆柱最后,最前素线(DD_1 和 CC_1)的投影,

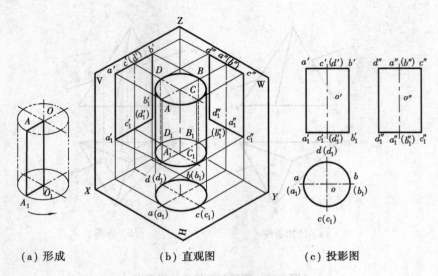

（a）形成　　　　　（b）直观图　　　　　（c）投影图

图 8-11　圆柱的形成及投影

也是左半、右半圆柱投影的分界线。

3. 作图步骤（图 8-11（c））

（1）画轴线的三面投影（O,O',O''），过 O 作中心线，轴和中心线都画点画线。

（2）在 H 面上画上、下底圆的实形投影（以 O 为圆心，OA 为半径）；在 V，W 面上画上、下底圆的积聚投影（其间距为圆柱的高）。

（3）画出转向轮廓线，即画出最左、最右素线的 V 面投影（$a'a_1'$ 和 $b'b_1'$）；画出最前、最后素线的 W 面投影（$c''c_1''$ 和 $d''d_1''$）。

（三）圆柱表面上取点

【例 8-7】　已知圆柱上 M 点的 V 面投影 m'（可见）及 N 点的 H 面投影 n（不可见），求 M，N 点的另二投影（图 8-12（a））。

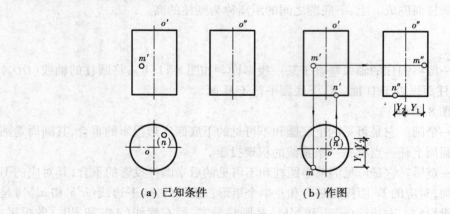

（a）已知条件　　　　　（b）作图

图 8-12　圆柱表面取点

【解】　（1）分析：由于 m' 可见，且在轴 O' 左侧，可知 M 点在圆柱面的前、左部分；n 不可见，则 N 点在圆柱的下底圆上。圆柱面的 H 面投影和下底圆的 V 面、W 面投影有积聚性，可从积聚投影入手求解。

（2）作图（图 8-12（b））：

①由 m' 向下作垂线，交 H 面投影中的前半圆周于 m，由 m'，m 及 Y_1 可求得 m''。

②由 n 向上引垂线，交下底圆的 V 面积聚投影于 n'，由 n，n' 及 Y_2 可求得 n''。

（3）判别可见性：M 点位于左半圆柱，故 m'' 可见；m，n'，n'' 在圆柱的积聚投影上，不判别其可见性。

二、圆锥

（一）形成

由直角三角形（SAO）绕其一直角边（SO）为轴旋转运动的轨迹称为圆锥（图 8-13（a））。另一直角边（AO）旋转运动的轨迹是垂直于轴的底圆；斜边（SA）旋转运动的轨迹是圆锥面。SA 称为母线，母线在圆锥面上任一位置称为素线。圆锥面是无数多条素线的集合。圆锥由圆锥面和底圆围成。锥顶（S）与底圆之间的距离称为圆锥的高。

（二）投影

1. 安放位置

如图 8-13（b）所示，将圆锥的轴线垂直于 H 面，则底圆平行于 H 面。

2. 投影分析（图 8-13（b））

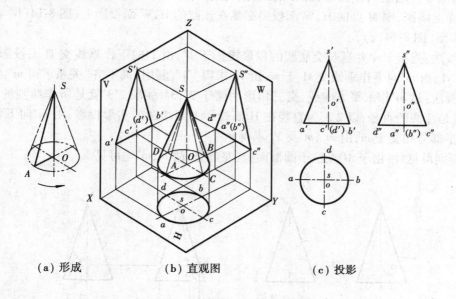

（a）形成　　　　（b）直观图　　　　（c）投影

图 8-13　圆锥的形成及投影

H 面投影：为一个圆。它是可见的圆锥面和不可见的底圆投影的重合。

V 面投影：为一等腰三角形。它是可见的前半圆锥和不可见的后半圆锥投影的重合，其对应的 H 面投影是前、后半圆，对应的 W 面投影是右、左半个三角形。等腰三角形的底边是圆锥底面的积聚投影；两腰（$s'a'$ 和 $s'b'$）是圆锥最左、最右素线（SA 和 SB）的投影，也是前、后半圆锥的分界线。

W 面投影：为一等腰三角形。它是可见的左半圆锥和不可见的右半圆锥投影的重合，其对应的 H 面投影是左、右半圆；对应的 V 面投影是左、右半个三角形。等腰三角形的底边是圆锥底圆的积聚投影;两腰($s''c''$和$s''d''$)是圆锥最前、最后素线(SC 和 SD)的投影,也是左、右半圆锥的分界线。

3. 作图步骤(图 8-13(c))

(1)画轴线的三面投影(o,o',o''),过 o 作中心线,轴和中心线都画点画线。

(2)在 H 面上画底圆的实形投影(以 O 为圆心,OA 为半径);在 V,W 面上画底圆的积聚投影。

(3)画锥顶(S)的三面投影(s,s',s'',由圆锥的高定 s',s'')。

(4)画出转向轮廓线,即画出最左、最右素线的 V 面投影($s'a'$和$s'b'$);画出最前、最后素线的 W 面投影($s''c''$和$s''d''$)。

(三)圆锥表面取点

【例8-8】 已知圆锥上一点 M 的 V 面投影 m'(可见),求 m 及 m''(图 8-14(a))。

【解】 (1)分析:由于 m' 可见,且在轴 o' 左侧,可知 M 点在圆锥面的前、左部分。由于圆锥面的三个投影都无积聚性,所缺投影不能直接求出,可利用素线法或纬圆法求解。利用素线法,即过锥顶 S 和已知点 M 在圆锥面上作一素线 $S1$,交底圆于 1 点,求得 $S1$ 的三面投影,则 M 点的 H,W 面投影必然在 $S1$ 的 H,W 面投影上。利用纬圆法,即过 M 点作垂直于圆锥轴线的水平圆(其圆心在轴上),该圆与圆锥的最左、最右素线(SA 和 SB)相交于 Ⅱ、Ⅲ 点,以 ⅡⅢ 为直径在圆锥面上画圆,则 M 点的 H,W 面投影必然在该圆的 H,W 面投影上(图 8-14(b))。

(2)作图(图 8-14(c)):

①素线法:连接 $s'm'$ 并延长交底圆的积聚投影于 $1'$;由 $1'$ 向下作垂线交 H 面投影中圆周于 1,连接 $s1$;由 m' 向下作垂线交 $s1$ 于 m,由 Y_1 求得 $s''1''$,利用"高平齐"关系求得 m''。

②纬圆法:过 m' 作水平方向线,交三角形两腰于 $2'$、$3'$,线段 $2'3'$ 就是所作纬圆的 V 面积聚投影,也是纬圆的直径;以 $2'3'$ 为直径在 H 面投影上画纬圆的实形投影;由 m' 向下作垂线,与纬圆前半部分相交于 m,由 m',m 及 Y_1 求得 m''。

(3)判别可见性:由于 M 点位于圆锥面前、左部分,故 m,m'' 均可见。

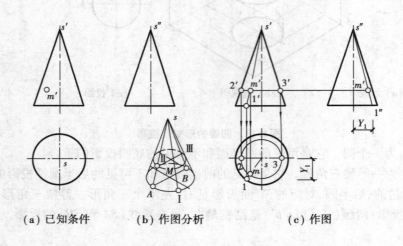

(a)已知条件 (b)作图分析 (c)作图

图 8-14 圆锥表面取点

三、圆球

(一)形成

半圆面绕其直径(OO_1)为轴旋转运动的轨迹称为圆球(图8-15(a))。半圆线旋转运动的轨迹是球面,即圆球的表面。

(二)投影

1. 安放位置

由于圆球形状的特殊性(上下、左右、前后均对称),无论怎样放置,其三面投影都是相同大小的圆。

2. 投影分析(图8-15(b))

圆球的三面投影均为圆。

H 面投影的圆是可见的上半球面和不可见的下半球面投影的重合。圆周 a 是圆球面上平行于 H 面的最大圆 A(也是上、下半球面的分界线)的投影。

V 面投影的圆是可见的前半球面和不可见的后半球面投影的重合。圆周 b' 是圆球面上平行于 V 面的最大圆 B(也是前、后半球面的分界线)的投影。

W 面投影的圆是可见的左半球面和不可见的右半球面投影的重合。圆周 C'' 是圆球面上平行于 W 面的最大圆 C(也是左、右半球面的分界线)的投影。

三个投影面上的三个圆对应的其余投影均积聚成直线段,并重合于相应的中心线上,不必画出。

3. 作图步骤(图8-15(c))

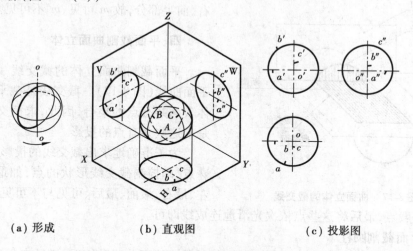

| (a)形成 | (b)直观图 | (c)投影图 |

图8-15 球的形成和投影

(1)画球心的三面投影(o, o', o'')。过球心的投影分别作横、竖向中心线(点画线)。

(2)分别以 o, o', o'' 为圆心,以球的半径(即半球面的半径)在 H,V,W 面投影上面出等大的三个圆,即为球的三面投影。

(三)圆球面上取点

【例8-9】 已知球面上一点 M 的 V 面投影 m'(可见),求 m 及 m''(图8-16(a))。

【解】 (1)分析:球的三面投影都没有积聚性,且球面上也不存在直线,故只有采用纬圆法求解。可设想过 M 点在圆球面上作水平圆(纬圆),该点的各投影必然在该纬圆的相应投影上。作出纬圆的各投影,即可求出 M 点的所缺投影。

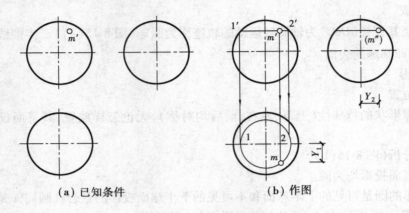

（a）已知条件　　　　（b）作图

图 8-16　球表面取点

(2)作图(图 8-16(b)):

①过 m' 作纬圆的 V 面投影,该投影积聚为一线段 $1''2''$。

②以 $1'2'$ 为直径在 H 面上作纬圆的实形投影。

③由 m' 向下作垂线交纬圆的 H 面投影于 m(因 m' 可见,M 点必然在圆球面的前半部分);由 m,m' 及 Y_1 求得 m''。

(3)判别可见性:因 M 点位于圆球面的上、右、前半部分,故 m 可见,m'' 不可见。

四、平面截割曲面立体

平面截割曲面立体的截交线一般为封闭的平面曲线(图 8-17)。截交线是截平面与曲面立体表面共有点的集合,因此,求截交线的实质就是求这些共有点的投影。

为了准确地求出截交线的投影,应先求出特殊点,即控制截交线形状的点,如最高、最低、最左、最右、最前、最后、可见与不可见的分界点等,

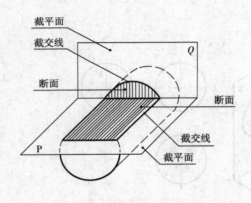

图 8-17　曲面立体的截交线

然后再求一般点,最后将这些点依次光滑地连成线即可。

(一)平面截割圆柱

根据截平面与圆柱轴线的相对位置,圆柱的截交线可分三种情况,详见表 8-1。

从表 8-1 中可以看出:

(1)截平面平行于圆柱轴线,其截交线为一矩形(表 8-1(a))。

(2)截平面垂直于圆柱轴线,其截交线为一个圆(表 8-1(b))。

(3)截平面倾斜于圆柱轴线,其截交线为一椭圆(表 8-1(c))。

表8-1　平面截割圆柱

序　号	a	b	c
截平面位置	截平面平行于圆柱轴线	截平面垂直于圆柱轴线	截平面倾斜于圆柱轴线
截交线名称	矩　形	圆	椭　圆
立体图			
投影图			

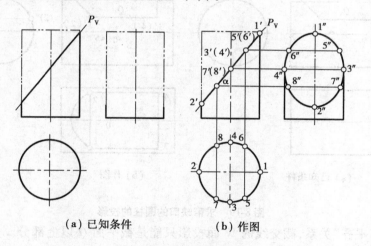

【例8-10】 求圆柱截割体的投影(图8-18(a))。

（a）已知条件　　　　**（b）作图**

图8-18　平面截割圆柱

【解】 （1）分析：该圆柱被正垂面 P 截割,由于截平面倾斜于圆柱轴线,其截交线为一椭圆。该椭圆的 V 面投影积聚在 P_V 上,H 面投影与圆柱面的积聚投影重合,W 面投影为一椭圆。由于截交线的 H,V 面投影实际为已知,故可以通过面上取点的方法求其 W 面投影。

（2）作图（图8-18(b)）：

①求特殊点。即求椭圆长、短轴的端点 Ⅰ,Ⅱ,Ⅲ,Ⅳ点,它们又分别是椭圆的最高、最低、最前、最后点。P_V 与圆柱最左、最右素线的 V 面投影的交点 $1'$,$2'$ 是椭圆长轴端点 Ⅰ,Ⅱ 的 V

面投影；P_V 与圆柱最前、最后素线 V 面投影的交点 $3'$、$4'$ 是椭圆短轴端点Ⅲ、Ⅳ点的 V 面投影，由 $1'$、$2'$、$3'$、$4'$ 求得 $1''$、$2''$、$3''$、$4''$。

②求一般点。为控制椭圆的形状，使作图准确，还应求出椭圆上若干一般点。如在截交线 V 面投影上任取点 $5'(6')$，即可求得 $5(6)$、$5''(6'')$。利用椭圆的对称性，可作出与 V、Ⅵ点对称的Ⅶ、Ⅷ点的各投影。

③连线。在 W 面投影上将各点依次光滑地连成曲线，即得到截交线的 W 面投影。

（3）判别可见性：当被 P 截去的上部圆柱不存在时，截交线的 W 面投影均为可见。

从此例可以看出，由于截交线椭圆的短轴垂直于 V 面，其 W 面投影的长度总等于圆柱的直径；其长轴的长度随截平面与圆柱轴线的倾角不同而变化。当截平面与圆柱轴线的倾角 α 等于 45°时，椭圆长、短轴的 W 面投影长度相等，即椭圆的 W 面投影成为一个与圆柱直径相等的圆。

【例 8-11】 求带梯形槽口的圆柱的投影（图 8-19（a））。

【解】 （1）分析：该圆柱轴线垂直于 W 面。槽口的左边被一垂直于圆柱轴线的侧平面 P 所截，其截交线为圆的一部分；槽口的下边被一平行于圆柱轴线的水平面 Q 所截，其截交线为一矩形；槽口的右边被一倾斜于圆柱轴线、且 $\alpha=45°$ 的正垂面 R 所截，其截交线在空间为椭圆的一部分，由于 $\alpha=45°$，该截交线的 H 面投影则投影成圆的一部分。由于截交线的 V、W 面投影都有积聚性，故只需求出其 H 面投影。

（2）作图（图 8-19（b））：

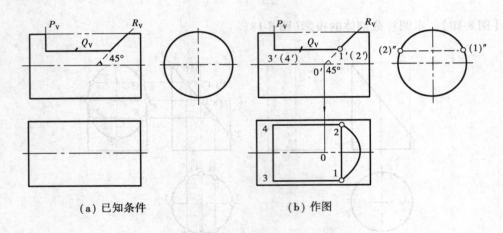

（a）已知条件　　　　　（b）作图

图 8-19　求带缺口的圆柱的投影

①根据"高平齐"关系，截交线的 W 面投影只能是截平面 Q 以上部分。先求截交线右边一段的投影。延长 R_V 与圆柱轴线的 V 面投影相交于 O'，由 O' 向下作垂线，交圆柱轴线的 H 面投影于 O；以 O 为圆心，以圆柱的半径在 H 面投影上画圆，根据"长对正"关系，得圆弧 $\overparen{12}$、$\overparen{12}$ 即平面 R 截割圆柱的截交线的 H 面投影。

②再求截交线中间一段的投影。在 H 面投影中，线段 12 为矩形的短边，根据"长对正"关系，可以求得矩形长边的 H 面投影。线段 13、24 即为平面 Q 截割圆柱面的截交线的 H 面投影。

③截交线左边一段的 H 面投影积聚成一线段，长度等于矩形的短边，即 34。

④画出 P, Q 二截平面的交线 ⅢⅣ和 Q, R 二截平面的交线 ⅠⅡ 的各投影。

（3）判别可见性：从图中可知截交线的 H 面投影都可见，V 面投影有积聚性，W 面投影中 1″2″为不可见，画虚线。

（二）平面截割圆锥

根据截平面与圆锥的相对位置不同，圆锥的截交线可分 5 种情况，详见表 8-2。

从表 8-2 中可以看出：

（1）截平面通过锥顶，其截交线为一三角形（表 8-2(a)）。

（2）截平面垂直于圆柱轴线，其截交线为一圆（表 8-2(b)）。

（3）截平面与圆锥所有素线都相交，其截交线为一椭圆（表 8-2(c)）。

（4）截平面平行于圆锥的一条素线，其截交线为抛物线（表 8-2(d)）。

（5）截平面平行于圆锥的两条素线，其截交线为双曲线（表 8-2(e)）。

表 8-2　平面截割圆锥

序　号	a	b	c	d	e
截平面位置	截平面通过锥顶	截平面垂直于圆锥轴线	截平面与圆锥所有素线相交	截平面平行于圆锥的一条素线	截平面平行于圆锥两条素线
截交线名称	三角形	圆	椭圆	抛物线	双曲线
立体图		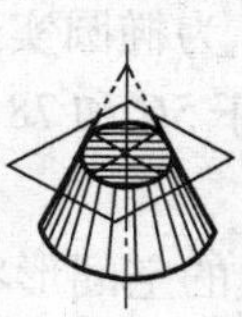	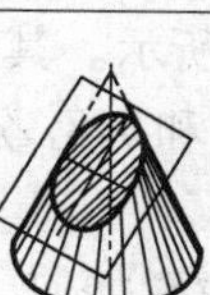	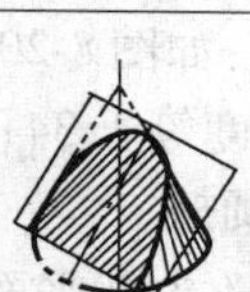	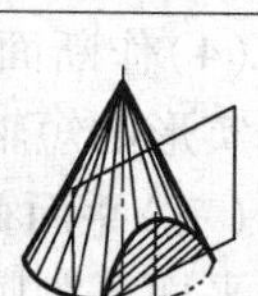
投影图		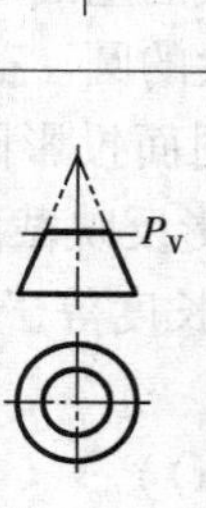	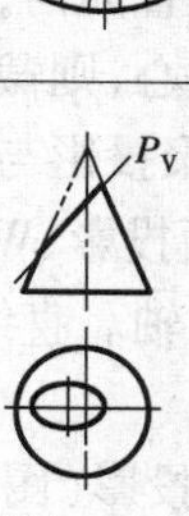		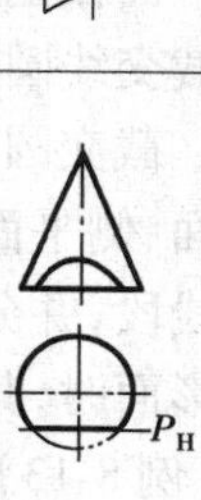

【例 8-12】 求正垂面 P 与圆锥的截交线及断面实形（图 8-20(a)）。

【解】 （1）分析：截平面 P 与圆锥的所有素线都相交，其截交线为一椭圆。该椭圆的 V 面投影积聚在 P_V 上，H 面投影为一椭圆，其长轴为正平线，短轴为正垂线，且垂直平分长轴。

（2）作图（图 8-20(b)）：

①求特殊点。P_V 与圆锥 V 面投影轮廓线的交点 1′, 2′是椭圆长轴端点 Ⅰ, Ⅱ 的 V 面投影，它们位于圆锥最右、最左素线上。由 1′, 2′向下引垂线得 1,2；线段 1′2′的中点 3′(4′)是椭圆短轴端点 Ⅲ, Ⅳ 的 V 面投影，过 3′(4′)作纬圆，即可求得 Ⅲ, Ⅳ 的 H 面投影 3,4；5′(6′)是截平面 P 与圆锥最前、最后素线交点的 V 面投影，过 5′(6′)作纬圆，即可求得 5,6。

②求一般点。在 V 面投影中取 7′(8′)，利用纬圆法即可求得 7,8。

③在 H 面投影中，依次光滑连接 1—5—3—7—2—8—4—6—1，即得到截交线椭圆的 H 面投影。

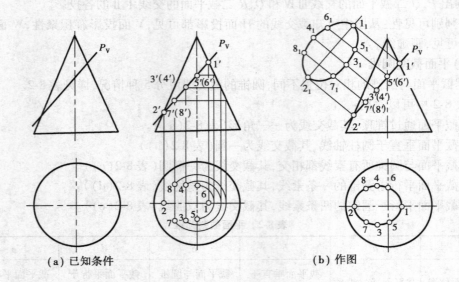

（a）已知条件　　　　　　　　（b）作图

图 8-20　用纬圆法求圆锥的截交线

（3）判别可见性：由于截交线位于圆锥面上，其 H 面投影全部可见。

（4）作断面实形：如图 8-20（b）所示。其中 $1_1 2_1$ 为椭圆实形的长轴，长度等于 $1'2'$；$3_1 4_1$ 为椭圆实形的短轴，长度等于 34；$5_1 6_1$ 和 $7_1 8_1$ 分别等于 56 和 78。

（三）平面截割圆球

平面截割圆球，不论截平面的位置如何，截交线的空间形状都是圆。截平面与球心的距离决定截交线圆的大小，截平面通过球心，则截得最大的圆。截交线圆的位置与其截平面的位置一致。截交圆的直径是截平面的积聚投影与球的同面投影圆相交的弦。当截平面为水平面、正平面、侧平面时，其 H 面投影、V 面投影、W 面投影反映截面圆的实形，其余二投影分别积聚成直线段，并分别平行于相应的投影轴。直线段的长度等于截面圆实形的直径；当截平面倾斜于投影面时，其投影为椭圆。

【例 8-13】　求带截口的半球的投影（图 8-21（a））。

【解】　（1）分析：半球被水平面 Q 所截，其截交线的 H 面投影为圆的一部分，W 面投影积聚成直线段；侧平面 P 截割半球的截交线的 W 面投影为圆的一部分，H 面投影为一直线段。

（2）作图（图 8-21（b））：

①先求平面 Q 与半球的截交线的投影。设想将 Q_V 延长，全部截断半球。在 H 面上画一个以 $m'n'$ 为半径的圆，利用"长对正"关系，得到截交线的 H 面投影 ab，其 W 面投影为 $a''b''$。

②用同样的方法求平面 P 与半球的截交线的投影。在 W 面投影上画一个以 O'' 为圆心，$e'f$ 为半径的半圆，根据"高平齐"关系，得到截交线的 W 面投影 $\overset{\frown}{a''b''}$，其 H 面投影为 ab。线段 AB 为 P，Q 二平面的交线。

五、直线与曲面立体相交

【例 8-14】　求直线 AB 与圆柱的贯穿点（图 8-22（a））。

【解】　（1）分析：直线 AB 与圆柱面相交，圆柱面的 H 面投影有积聚性，贯穿点的 H 面投

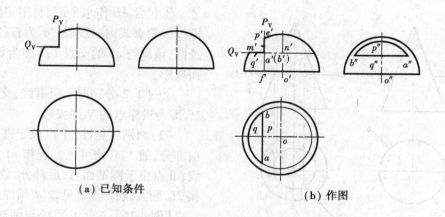

（a）已知条件　　　　　（b）作图

图 8-21　求带缺口的半球的投影

影必然在圆柱面的 H 积聚投影上。

（2）作图（图 8-22（b））：

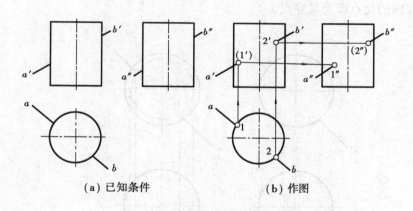

（a）已知条件　　　　　（b）作图

图 8-22　求直线与圆柱的贯穿点

①在 H 面投影上，ab 与圆周的交点 1，2 就是直线 AB 与圆柱贯穿点的 H 面投影。

②由 1，2 分别向上作垂线，交 $a'b'$ 于 $1'$，$2'$，即贯穿点的 V 面投影。

③由 $1'$，$2'$ 分别向右引水平线，交 $a''b''$ 于 $1''$，$2''$，即贯穿点的 W 面投影。

（3）判别可见性：贯穿点 Ⅰ 位于圆柱面的左、后部分，故 $1'$ 不可见，$1''$ 可见。$a'1'$ 在圆柱 V 面投影轮廓线内一段不可见，画虚线，$a''1''$ 画实线。贯穿点 Ⅱ 位于圆柱面的右、前部分，故 $2'$ 可见，$2''$ 不可见。$2'b'$ 画实线，$2''b''$ 在圆柱 W 面投影轮廓线内一段不可见，画虚线。

【例 8-15】　求水平线 AB 与圆锥的贯穿点（图 8-23（a））。

【解】　（1）分析：直线 AB 与圆锥面相交，因锥面的投影无积聚性，无法直接求得贯穿点，故采用作辅助面的方法求解。包含水平线 AB 作水平辅助面 $P（P_{\mathrm{v}}）$，它与圆锥的截交为平行于 H 面的圆（若包含 AB 作铅垂面，则截交线为双曲线，作图麻烦）。求得 AB 与截交线圆的交点即为贯穿点。

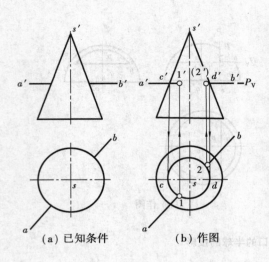

(a) 已知条件　　　　(b) 作图

图 8-23　直线与圆锥的贯穿点

得 AB 与截交线圆的交点即为贯穿点。

（2）作图（图 8-23（b））：

①包含 AB 作水平面，利用 a'b' 在圆锥 V 面投影轮廓线内一线段 c'd' 为直径在 H 面上画圆，该圆与 ab 的交点 1，2 即为贯穿点的 H 面投影。

②过 1，2 分别向上引垂线，交 a'b' 于 1'，2'，即为贯穿点的 V 面投影。

（3）判别可见性：Ⅰ 点位于圆锥面的左、前部分，故 1，1' 均可见。连接 a1，a'1'，画实线；Ⅱ 点位于圆锥面右、后部分，故 2 可见，连接 2b，画实线；2' 不可见，2'd' 画虚线。

【例 8-16】　求正平线与圆球的贯穿点（图 8-24（a））。

【解】　（1）分析：包含 AB 作辅助面（正平面）P，则 P 与圆球的截交线为正平圆，求

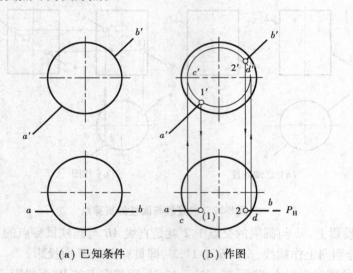

(a) 已知条件　　　　(b) 作图

图 8-24　直线与球的贯穿点

（2）作图（图 8-24（b））

①包含 AB 作正平面，利用 H 面投影中 ab 在圆球投影轮廓线内一线段 cd 为直径在 V 面上画圆，该圆与 a'b' 的交点 1'，2' 即为贯穿点的 V 面投影。

②过 1'，2' 分别向下作垂线，交 ab 于 1，2，即为贯穿点的 H 面投影。

（3）判别可见性：由于 Ⅰ 点位于圆球的前、左、下部分，故 1 不可见，1c 画虚线；1' 可见，a'1' 画实线。Ⅱ 点位于圆球的前、右、上部分，故 2，2' 均可见，2b，2'b' 画实线。

思考题

1. 画平面立体的投影图时,立体安放位置的原则是什么?

2. 平面立体表面上取点的方法是什么?

3. 画曲面立体的投影图时,立体安放位置的原则是什么?

4. 什么是曲面对投影面的转向轮廓线? 分别说明旋转体的最左、最右、最前、最后素线在三面投影中的位置。

5. 旋转面上取点的方法有几种? 什么叫素线法? 什么叫纬圆法? 各适用于哪些旋转体?

6. 什么叫截交线? 什么叫断面? 截交线的共同性质是什么?

7. 求平面立体截交线的方法有哪几种? 常采用哪一种方法? 其作图步骤是什么?

8. 圆柱、圆锥、圆球的截交线各有哪几种?

9. 求曲面立体截交线的实质是什么? 简述其作图步骤。

10. 求直线与立体贯穿点的实质是什么? 试述其作图步骤。

第九章　两立体相贯

相交的两立体常称为相贯体。相贯体表面的相交线称为相贯线。

相贯线的基本性质：

（1）相贯线是两相贯体表面的共有线。相贯线上的每个点都是两立体表面的共有点。

（2）由于立体表面有一定的范围，所以相贯线一般是闭合线。仅当两立体具有重迭表面时，相贯线才不闭合。

求相贯线的一般步骤是：

（1）分析：认识两相贯体的形体特征，考察它们的相对位置，研究它们哪些部分参与相贯。若两相贯体中，一立体全部贯穿另一立体，则称为"全贯"，此时有两组相贯线。若两立体部分相贯时，则称为"互贯"，此时仅有一组相贯线。

（2）求相贯点：首先求出特殊点，然后求出适当的一般点。

（3）依一定的次序连相贯点成相贯线。

（4）判别可见性：位于两立体均为可见表面上的相贯线才是可见的。

工程形体常常是由两个或更多的基本几何形体组合而成的。这些形体又常处于特殊位置，因此以下介绍的相贯体，至少其中之一具有特殊位置。平面立体和曲面立体及它们之间的相贯如图9-1所示。

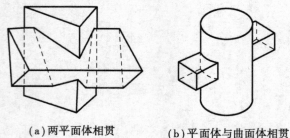 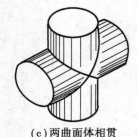

（a）两平面体相贯　　　（b）平面体与曲面体相贯　　　（c）两曲面体相贯

图9-1　两立体相贯示意图

第一节　两平面体相贯

两平面体相贯的相贯线，一般是闭合的空间折线。属于相贯线的每一线段都是两平面体有关棱面的交线。每个折点都是一平面体的棱线对另一平面体的相贯点。

【例9-1】　求作两三棱柱的相贯线，如图9-2（a）所示。

【解】　（1）分析：三棱柱 ABC 的棱线⊥H面，它的水平投影 abc 有积聚性。三棱柱 DEF 的棱线⊥W面，它的侧面投影 $d''e''f'$ 有积聚性。从水平投影或侧面投影都可看出，两三棱柱都有不相贯的棱线，即 AA，CC 和 FF 棱线。故它们为互贯，只有一组相贯线。由于每条棱线有二个交点，故相贯线上共应有6个折点。

（2）求相贯点：利用三棱柱 *ABC* 的水平投影 *abc* 有积聚性的性质，可直接定出三棱柱 *DEF* 的 *EE*，*DD* 棱线对三棱柱 *ABC* 的相贯点 Ⅰ(1,1′,1″)，Ⅱ(2,2′,2″)，Ⅲ(3,3′,3″)，Ⅳ(4,4′,4″)。同样，可利用三棱柱 *DEF* 的侧面投影 *d″e″f″* 的积聚性的性质，可直接求出三棱柱 *ABC* 的 *BB* 棱线对三棱柱 *DEF* 的相贯点 Ⅴ(5,5′,5″)，Ⅵ(6,6′,6″)，如图9-2(b)所示。

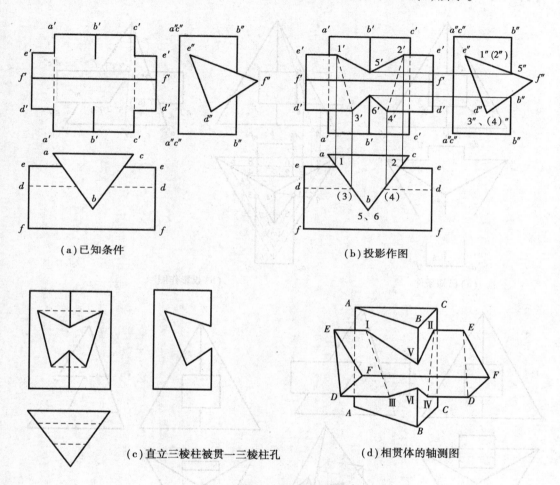

（a）已知条件　　　　　　　　　　（b）投影作图

（c）直立三棱柱被贯一三棱柱孔　　　（d）相贯体的轴测图

图9-2　两三棱柱相贯的相贯线

（3）连相贯点为相贯线：对于平面立体，连相贯线的原则是：属于一立体同一棱面而同时属于另一立体也是同一棱面的两点才能相连。从任一点开始，例如点Ⅰ可以和点Ⅲ相连，因它们同属于三棱柱 *ABC* 的 *AABB* 棱面，又同属于三棱柱 *DEF* 的 *EEDD* 棱面。点Ⅰ和点Ⅳ就不能相连，因它们虽属于三棱柱 *DEF* 的 *EEDD* 棱面，但属于三棱柱 *ABC* 的不同棱面 *AABB* 和 *BBCC*。同时还应记住一棱线对另一立体贯进、贯出的两点，例如Ⅰ和Ⅱ，Ⅲ和Ⅳ以及Ⅴ和Ⅵ都决不能相连，如图9-2(b)所示。

（4）判别可见性：相贯线属于两立体均为可见棱面的线段才是可见的。对于水平投影相贯线积聚在三棱柱 *ABC* 有积聚性的投影上，无需判别是否可见。在此只需对相贯线的正面投影进行判别。1′3′，2′4′为不可见，因它们位于三棱柱 *DEF* 的不可见棱面 *DDEE* 上，故应画为虚线。其余四段均可见，画为实线。

图 9-2(d)是相贯体的轴测图。

如果将三棱柱 *DEF* 沿水平方向抽出,则成为一直立三棱柱被贯一水平三棱柱孔。作图方法完全一样,完成后如图 9-2(c)所示。注意图中原相贯线虚实的变化及新出现的虚线。

【例 9-2】 求三棱锥与四棱柱的相贯线,如图 9-3(a)所示。

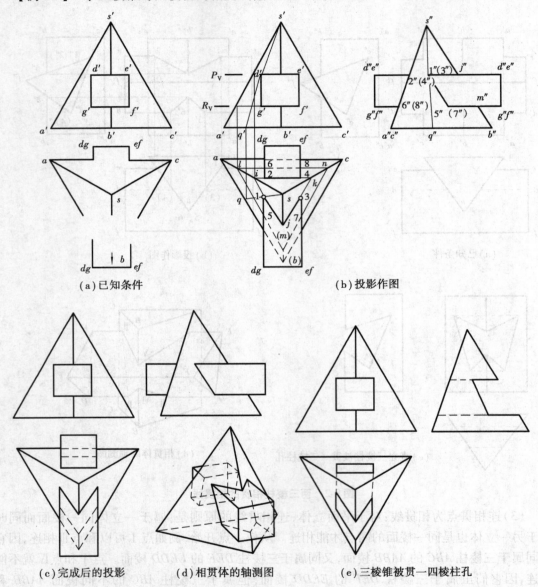

图 9-3 三棱锥和四棱柱相贯

【解】 (1)分析:

①三棱锥的底面为水平面。四棱柱的 4 条棱线均垂直于正面,故其正面投影有积聚性。棱柱的上下棱面均为水平面,左右二棱面均为侧平面。

②从正面投影观察,可知四棱柱的 4 条棱线 *DD*,*EE*,*FF* 和 *GG* 都参与相贯,只有三棱锥有不参与相贯的棱线,故为"全贯"。又从水平投影观察,四棱柱"贯进"、"贯出"三棱锥,因此相

贯线为两组。

③投影图为左右对称,故相贯线也是左右对称的。

(2)求相贯线:如图9-3(b)所示。求相贯线的方法有两种:辅助线法和辅助面法。

辅助线法:欲求 DD 棱线与三棱锥的相贯点,可利用其 V 面上的积聚投影。连 $s'd'$ 并延长与 $a'b'$ 相交于 q',此 $s'q'$ 为斜面 SAB 上过 I 点的一条辅助线。按投影关系求得 $sq,s''q''$,它们与 $dd,d''d''$ 的交点 $1,1''$ 即为相贯点 I 的两个投影。其他点利用同样的方法可求得。

辅助面法:

如图9-3(b)所示,过棱柱上棱面 $DDEE$ 的水平面 P_V 交三棱锥于 $\triangle IJK$,可得 $DDEE$ 和三棱锥的交线为 $IJ\text{Ⅲ}(1j3)$ 和 $\text{Ⅱ}\text{Ⅳ}(24)$。过棱柱下棱面 $GGFF$ 的水平面 P_V 交三棱锥于 $\triangle LMN$,可得 $GGFF$ 和三棱锥的交线为 $\text{Ⅴ}M\text{Ⅶ}(5m7)$ 和 $\text{Ⅵ}\text{Ⅷ}(68)$。故得两组相贯线分别为 $Ij\text{Ⅲ}\text{Ⅶ}MV$ $I(1j37m51)$ 和 $\text{Ⅱ}\text{Ⅳ}\text{Ⅷ}\text{Ⅵ}\text{Ⅱ}(24862)$。前者为闭合的空间折线,后者为闭合的平面折线。它们的正面投影都积聚在 $d'e'f'g'$ 上。

根据水平投影和正面投影即可补出侧面投影来。

(3)判别可见性:对相贯线的水平投影才需判别是否可见。相贯线 $\text{Ⅴ}M\text{Ⅶ}$ 和 $\text{Ⅵ}\text{Ⅷ}$ 属于四棱柱的不可见面 $GGFF$,故 $5m7$ 和 68 为不可见,应画为虚线。其余均为实线,如图9-3(b)。

图9-3(d)是相贯体的轴测图。

如果将四棱柱抽出,则成为三棱锥被贯一四棱柱孔。作图方法与上相同,完成后的图形如图9-3(e)所示。注意图中出现的虚线。

第二节　平面体与曲面体相贯

平面体和曲面体相贯的相贯线,是由平面曲线段或平面曲线段和直线段组合而成的,一般是空间闭合线。属于相贯线各线段的转折点是平面体的棱线和曲面体的相贯点。作相贯线时应先求出转折点,然后求出属于平面体的棱面和曲面体表面交线适当数量的点,最后依次连接而成相贯线。

【例9-3】　求一直立圆柱和一四棱柱的相贯线,如图9-4(a)。

【解】　(1)分析:

①圆柱的水平投影有积聚性,四棱柱的侧面投影有积聚性,故相贯线的水平投影和侧面投影均为已知。

②四棱柱贯入、贯出圆柱,故相贯线为两组。

③根据水平投影图左右、前后对称,可知两组相贯线也左右、前后对称。各组均为上下两段水平圆弧和前后两段素线所组成。

(2)作图:只需根据水平投影画出 I I,Ⅱ Ⅱ 素线的正面投影 $1'1'$ 和 $2'2'$ 即成,其形象如图9-4(b)所示。

如果将四棱柱抽出,则成为直立圆柱被贯一矩形棱柱孔。其投影如图9-4(c)所示。水平投影中的虚线是孔的前后两正平面的水平投影。该孔的两正平面的正面投影是上下两段水平虚线和左右两段素线围成的矩形。水平投影中的前后两段虚线和左右两段圆弧围成的图形,是孔的上下两水平面的投影,在正面投影中是两段水平线(两端为实线,中间为虚线)。

【例9-4】　求正圆锥与四棱柱的相贯线,如图9-5(a)所示。

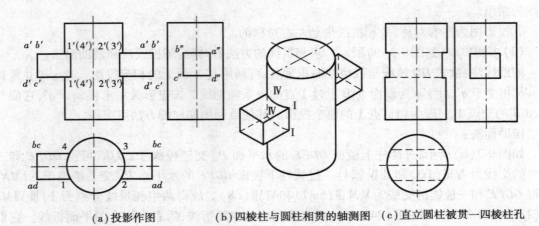

(a)投影作图　　(b)四棱柱与圆柱相贯的轴测图　(c)直立圆柱被贯一四棱柱孔

图9-4　直立圆柱与四棱柱相贯

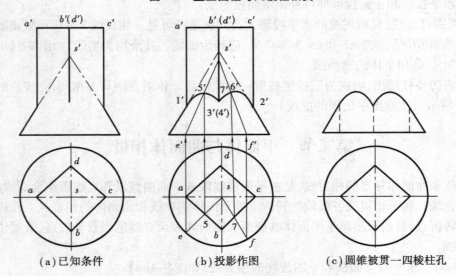

(a)已知条件　　　　(b)投影作图　　　　(c)圆锥被贯一四棱柱孔

图9-5　圆锥与四棱柱的相贯线

【解】　(1)分析：

①观察两相贯体的位置，从投影图的左右、前后对称，可知相贯线也是左右、前后对称的。

②由于四棱柱的四个棱面都各自平行于圆锥的两条素线，所以相贯线是由四段双曲线所组成的。转折点是四条铅垂棱线和圆锥的交点。

③四棱柱的水平投影有积聚性，因而相贯线的水平投影为已知，于是问题仅为已知属于圆锥面的曲线的水平投影 abcd，求其正面投影和侧面投影。

(2)求属于相贯线的点，如图9-5(b)。

①求相贯线上的特殊点。由圆锥的 V 面轮廓线与四棱柱的最左最右棱线相交得转折点 1′,2′，由转折点的高度相等可得最前最后两点 3′,(4′)。在 H 面上，过 s 点作 ab 积聚线的中垂线，交得 5 点，延长至底圆得 e 点，向上投影得 e′点，连 s′e′，由 5 点向上投影得 5′点。该点就是相贯线上的最高点。利用对称性可求得另一最高点 6′。

②求一般点。在 H 面上过 s 点任作一素线 sf，向上投影求得 s′f′。又由 sf 与积聚线 bc 相

──────── 第九章 两立体相贯 ·

交所得 7 点求得 7′点。该点就是相贯线上任意点。其他任意点用同样的方法可求得。

（3）连点成相贯线：在 V 面上光滑连接 1′5′3′7′6′2′各点即得所求相贯线的正面投影（相贯线前后两部分对称）。

（4）判别可见性：在 V 面投影上，由于四棱柱左右两棱面和前半圆锥均可见，故相贯线的前半部分可见（后半部分与前半部分重合）。

将四棱柱向上抽去，就成为圆锥被贯一四棱柱孔，如图9-5（c）所示。

第三节 两曲面体相贯

两曲面体相贯的相贯线一般是闭合的空间曲线。属于相贯线的点是两立体表面的共有点。求相贯线时，需先求出两立体表面的若干共有点，然后用曲线光滑地连接成相贯线。

在建筑工程中，遇到较多的曲面体相贯是两个圆柱体（正交或斜交）相贯。

一、两直径不等的圆柱体相贯

当两圆柱轴线垂直相交、直径不等时，相贯线为空间曲线。它可用辅助平面法求得。

【例9-5】 已知一直立圆柱和一水平圆柱成正交，如图9-6（a）所示，求作它们的相贯线。

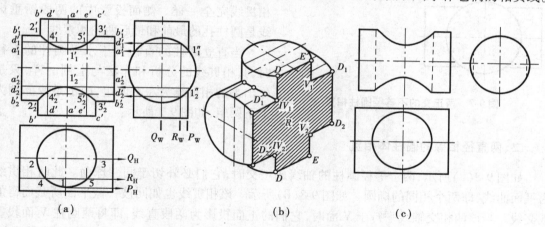

图9-6 两正交的不等径圆柱相贯

【解】 （1）分析：

①从水平投影可知水平圆柱有部分没参与相贯，配合正面投影或侧面投影看出直立圆柱贯进、贯出水平圆柱。故知相贯线为两组且上下对称。

②由于水平投影左右、前后对称，故各组相贯线本身也左右、前后对称。

③因两圆柱的轴线均平行于正面，作相贯线时，如采用正平面为辅助面，则辅助平面和两圆柱面都交于素线，此素线的交点便是属于相贯线的点。如图9-6（b）。

（2）求属于相贯线的点：

①作正平面 P 切直立圆柱于素线 AA，P 和水平圆柱交于两条侧垂素线 A_1A_1 和 A_2A_2。AA 和 A_1A_1 交于点 $I_1(1_1, 1_1')$，AA 和 A_2A_2 交于点 $I_2(1_2, 1_2')$。I_1 和 I_2 分别是上下两组相贯线的最低点和最高点，它们也都是最前点。

②正平面 Q 包含两柱的轴线。平面 Q 交直立圆柱于左右两素线 BB 和 CC，交水平圆柱于

· 103 ·

最高素线 B_1B_1 和最低素线 B_2B_2。B_1B_1 和 BB,CC 的交点 $Ⅱ_1(2_1,2_1')$ 和 $Ⅲ_1(3_1,3_1')$ 是上一组相贯线的最高点。B_2B_2 和 BB,CC 的交点 $Ⅱ_2(2_2,2_2')$ 和 $Ⅲ_2(3_2,3_2')$ 是下一组相贯线的最低点。$Ⅱ_1$ 和 $Ⅱ_2$ 是最左点，$Ⅲ_1$ 和 $Ⅲ_2$ 是最右点。

③在 P,Q 之间作一正平面 R。R 交直立圆柱于素线 $DD(d'd')$ 和 $EE(e'e')$，交水平圆柱于素线 D_1D_1 和 D_2D_2。D_1D_1 和 DD,EE 交于点 $Ⅳ_1(4_1,4_1')$ 和点 $V_1(5_1,5_1')$，D_2D_2 和 DD,EE 交于点 $Ⅳ_2(4_2,4_2')$ 和点 $V_2(5_2,5_2')$，它们分别是上、下两组相贯线的一般点。

④在 P,Q 之间还可作适当的正平面以求得属于相贯线适当的一般点。

(3)连点成相贯线：将各点的正面投影依次连成曲线 $2_1'—4_1'—1_1'—5_1'—3_1'$ 和 $2_2'—4_2'—1_2'—5_2'—3_2'$，它们都是可见的。相贯线的不可见部分和可见部分的正面投影重合。相贯线的水平投影积聚在直立圆柱的水平投影上。侧面投影积聚在直立圆柱和水平圆柱侧面投影相交的上下两段圆弧上。

若将直立圆柱抽出，则成为水平圆柱被贯一直立圆柱孔。此时其投影图如图 9-6(c)所示。正面投影中的两段铅垂虚线是圆柱孔的左右二转向轮廓素线，上下两段曲线与图 9-6(a)的相贯线完全一样。侧面投影中的两段铅垂虚线是圆柱孔的最前和最后两轮廓素线。

当直立圆柱的直径大于水平圆柱的直径时，其相贯线的分析和作法与上例一样，只是作出来的相贯线为左右两组，而不是像上例为上下两组，如图 9-7 所示。

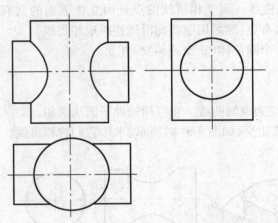

图 9-7　两正交的不等径圆柱相贯

二、两直径相等的圆柱体相贯

如图 9-8(a)所示，两个等径圆柱的轴线成正交时，它们必外切于同一球面。此时相贯线为平面曲线，即两个相同的椭圆。如图 9-8(b)所示。该相贯线也如同被一截平面所截而得的截交线。当该两相交轴线平行于 V 面时，它们的正面投影为两段直线，即将两圆柱 V 面投影轮廓线的交点连成对角线即得，长度等于椭圆的长轴。水平投影与直立圆柱的积聚投影重合，椭圆短轴等于圆柱的直径。

图 9-8(c)所示两等径圆柱的轴线成斜交且平行于 V 面。此两圆柱必外切于一球，其相贯线亦为两椭圆。其 V 面投影为两圆柱轮廓线的交点所连成的对角线，其中一个椭圆的长轴为 $a'b'$，另一个椭圆的长轴为 $c'd'$。二者的短轴都等于圆柱的直径。两椭圆的水平投影均与直立圆柱的水平投影重合。

三、两旋转体共轴相贯

当球心属于旋转体的轴线时，球面和旋转体表面的交线是垂直于旋转体轴的圆。当旋转体的轴线此时又平行于某一投影面时，其交线在该投影面上的投影就积聚为直线。

如图 9-9(a)所示球心属于铅垂圆柱的轴线，它们的表面交线是两个等径的水平圆 K_1 和 K_2。

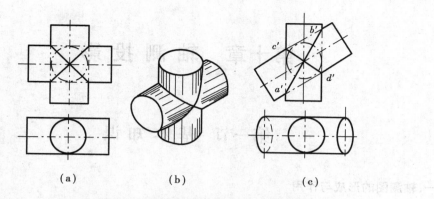

图9-8 外切于圆球的圆柱的相贯线为平面曲线

如图9-9(b)所示球心属于正圆锥的轴线,它们的表面交线为大小二水平圆 K_2 和 K_1。

如图9-9(c)所示铅垂圆柱与正圆锥共轴线,它们的表面交线为一水平圆 K。

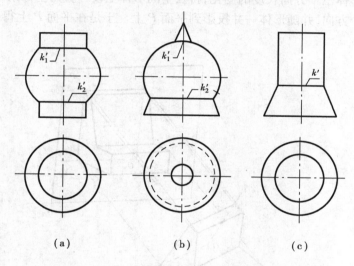

图9-9 两旋转体共轴相交

思 考 题

1. 试述相贯线的基本性质。

2. 试述两平面体相贯时相贯线的性质和作图的基本方法。连点成相贯线时依据什么原则? 如何判别可见性?

3. 试述平面体和曲面体相贯时相贯线的性质。求其相贯线时应先求哪些点? 在什么情况下其相贯线才是可见的?

4. 同外切于一球面的圆锥、圆柱和旋转面的相贯线性质如何?

第十章 轴测投影

第一节 基本知识

一、轴测图的形成与作用

将空间一形体按平行投影法投影到平面 P 上,使平面 P 上的图形同时反映出空间形体的三个面来,该图形就称为轴测投影图,简称轴测图。

为研究空间形体三个方向长度的变化,特在空间形体上设一直角坐标系 $O\text{-}XYZ$,以代表形体的长、宽、高三个方向,并随形体一并投影到平面 P 上。于是在平面 P 上得到 $O_1\text{-}X_1Y_1Z_1$,如图 10-1 所示。

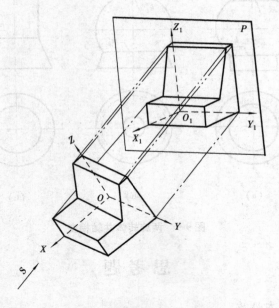

图 10-1 轴测投影的形成

图中　S——轴测投射方向。

　　　P——轴测投影面。

　　　$O_1\text{-}X_1Y_1Z_1$——轴测投影轴,简称轴测轴。

由于轴测投影面 P 上同时反映了空间形体的三个面,所以其图形富有立体感。这一点恰好弥补了正投影图的缺点。但它作图复杂,量度性较差。因此它在工程实践中一般只用作辅助性图样。

二、轴测图的分类

正轴测投影——投射方向线 S 与轴测投影面 P 相垂直所形成的轴测投影。

斜轴测投影——投射方向线 S 与轴测投影面 P 相倾斜所形成的轴测投影。

三、轴测图中的轴间角与变形系数

轴测轴之间的夹角称为轴间角,如图 10-1 中 $\angle X_1 O_1 Y_1$、$\angle Y_1 O_1 Z_1$、$\angle Z_1 O_1 X_1$。

形体在坐标轴(或其平行线)上定长的投影长度与实长之比,称为轴向变形系数,简称变形系数。

即 $p = \dfrac{O_1 X_1}{OX}$ ——X 轴向变形系数;

$q = \dfrac{O_1 Y_1}{OY}$ ——Y 轴向变形系数;

$r = \dfrac{O_1 Z_1}{OZ}$ ——Z 轴向变形系数。

轴间角确定了形体在轴测投影图中的方位。

变形系数确定了形体在轴测投影图中的大小。

这两个要素是作出轴测图的关键。

四、轴测投影图的特点

(1)因轴测投影是平行投影,所以空间一直线其轴测投影一般仍为一直线;空间互相平行的直线其轴测投影仍互相平行;空间直线的分段比例在轴测投影中仍不变。

(2)空间与坐标轴平行的直线,轴测投影后其长度可沿轴量取;与坐标轴不平行的直线,轴测投影后就不可沿轴量取,只能先确定两端点,然后再画出该直线。

(3)由于投射方向 S 和空间形体的位置可以是任意的,所以可得到无数个轴间角和变形系数,同一形体亦可画出无数个不同的轴测图。

第二节 正 等 测 图

正等测属正轴测投影中的一种类型。它是由坐标系 $O\text{-}XYZ$ 的三个坐标轴与投影面 P 所成夹角均相等时所形成的投影。此时,它的三个轴向变形系数都相等,故称正等轴测投影(简称正等测)。由于它画法简单、立体感较强,所以在工程上较常用。

一、正等测的轴间角与变形系数

轴间角:三个轴测轴之间的夹角均为 120°。当 $O_1 Z_1$ 轴处于竖直位置时,$O_1 X_1$、$O_1 Y_1$ 轴与水平线成 30°,这样可方便利用三角板画图。

变形系数:三个轴向变形系数的理论值:$p = q = r \approx 0.82$。为作图简便,取简化值:$p = q = r = 1$(画图时,形体的长、宽、高度都不变),如图 10-2 所示。这对形体的轴测投影图的形状没有影响,只是图形放大了 1.22 倍。图 10-3 中,图(a)为形体的正投影图;图(b)为 $p = q = r =$ 0.82时的轴测图;图(c)为 $p = q = r = 1$ 时的轴测图。

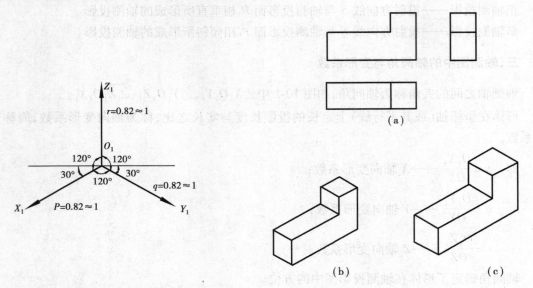

图 10-2　正等测的轴间角与变形系数　　　　图 10-3　正等测的实例

二、正等测的画法

【例 10-1】　作三棱柱的正等测图,如图 10-4(a)所示。

【解】　(1)定轴测轴。把坐标原点 O_1 选在三棱柱下底面的后边中点,且让 X_1 轴与其后边重合。这样可在轴测轴中方便量取各边长度,如图 10-4(a)所示。

(2)根据正等测的轴间角画出轴测轴 O_1-$X_1Y_1Z_1$,如图 10-4(b)所示。

(3)根据三棱柱各角点的坐标(长度),画出底面的轴测图。

(4)根据三棱柱的高度,画出三棱柱的上底面及各棱线,如图 10-4(c)所示。

(5)擦去多余图线,加深图线即得所求,如图 10-4(d)所示。

画这类基本体,主要根据形体各点在坐标上的位置来画。这种方法称为坐标法。这种方法是轴测图中的最基本的画法。其中坐标原点 O_1 的位置选择较重要,如选择恰当,作图就简便快捷。

【例 10-2】　作组合体的正等测图,如图 10-5(a)所示。

【解】　把该组合体分为三个基本体,如图 10-5 中(a)、(d)所示。

(1)定坐标轴。把坐标原点 O_1 选在 Ⅰ 体上底面的右后角上,如图 10-5(a)所示。

(2)根据正等测的轴间角及各点的坐标在 Ⅰ 体的上底面画出组合体的 H 投影的轴测图,如图 10-5(b)所示。

(3)根据 Ⅰ 体的高度,画出 Ⅰ 体的轴测图。

(4)根据 Ⅱ,Ⅲ 体的高度,画出它们的轴测图,如图 10-5(d)所示。

(5)擦去多余线,加深图线即得所求,如图 10-5(e)所示。

画叠加类组合体的轴测图,应分先后、主次画出组合体各组成部分的轴测图,每一部分的

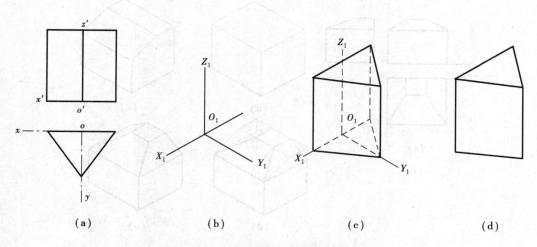

图 10-4 三棱柱的正等测画法

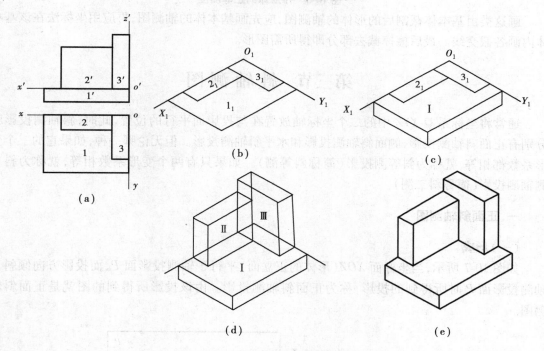

图 10-5 组合体的正等测图画法

轴测图仍用坐标法画出,但应注意各部分之间的相对位置关系。

【例 10-3】 作形体的正等测图,如图 10-6(a)所示。

【解】 (1)定坐标轴,如图 10-6(a)所示。

(2)画出正等测的轴测轴,并在其上画出形体未截割时的外轮廓的正等测图。如图 10-6(b)。

(3)在外轮廓体的基础上,应用坐标法先后进行截割,如图 10-6 中(c)、(d)所示。

(4)擦去多余线,加深图线即得所求,如图 10-6(e)所示。

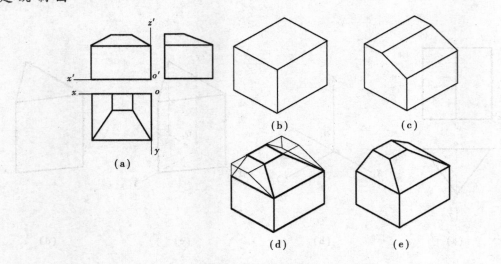

图 10-6　作形体的正等测图

画这类由基本体截割后的形体的轴测图,应先画基本体的轴测图,再应用坐标法在该基本体内画各截交线。最后擦掉截去部分即得所需图形。

第三节　斜 轴 测 图

通常将坐标系 $O\text{-}XYZ$ 中的二个坐标轴放置在与投影面平行的位置,此时,斜轴测投影就分别有正面斜轴测投影、侧面斜轴测投影和水平斜轴测投影。但无论哪一种,如果它的三个变形系数都相等,就称为斜等测投影(简称斜等测)。如果只有两个变形系数相等,就称为斜二测轴测投影(简称斜二测)。

一、正面斜轴测图

(一)形成

如图 10-7 所示,当坐标面 XOZ(形体的正立面)平行于轴测投影面 P,而投影方向倾斜于轴测投影面 P 时所得到的投影,称为正面斜轴测投影。由该投影所得到的图就是正面斜轴测图。

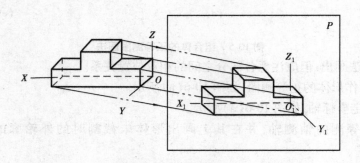

图 10-7　正面斜轴测投影的形成

轴测轴:由于 OX,OZ 都平行于轴测投影面,其投影不发生变形。所以, $\angle X_1 O_1 Z_1 = 90°$;

OY 轴垂直于轴测投影面,由于投影方向倾斜于轴测投影面,所以它是一条倾斜线,一般取与水平线成45°。

变形系数;当 $p = q = r = 1$ 时,称斜等测;当 $p = r = 1$,$q = 0.5$ 时,称斜二测。如图10-8所示。

(二)应用

对于形体的正平面形状较复杂或具有圆和曲线时,常用正面斜二测图;对于管道线路常用正面斜等测图。

(三)画法

【例10-4】 作形体的正面斜二测图,如图10-9(a)所示。

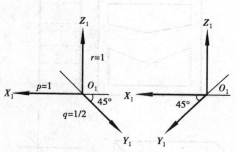

图 10-8 正面斜二测轴间角和变形系数

【解】 (1)选择坐标原点 O 和正面斜二测的 O_1-$X_1Y_1Z_1$,如图10-9中(a)、(b)所示。

(2)将反映实形的 $X_1O_1Z_1$ 面上的图形如实照画,如图10-9(c)所示。

(3)由各点引 Y_1 方向的平行线,并量取实长的一半(q 取 0.5),连各点得形体的外形轮廓的轴测图,如图10-9(d)所示。

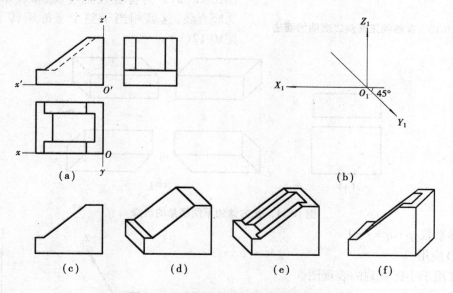

图 10-9 形体的正面斜二测图的画法

(4)根据被截割部分的相对位置定出各点,再连线,最后加深图线即得所求,如图10-9(e)所示。

注意,所画轴测图应充分反应形体的特征,如图10-9中,图(e)就好,图(f)就不好。

【例10-5】 画出花格的正面斜二测图,如图10-10(a)所示。

【解】 (1)选择坐标原点 O,如图 10-10(a)所示,轴测轴如图 10-10(b)所示。

(2)将 $X_1O_1Z_1$ 面上的图形如实照画,然后过各点引 Y_1 方向的平行线,并在其上量取实长的一半($q = 0.5$),连各点成线。

(3)擦去多余线,加深图线即得所求,如图 10-10(c)所示。

【例10-6】 画出形体的正面斜二测图,如图10-11(a)所示。

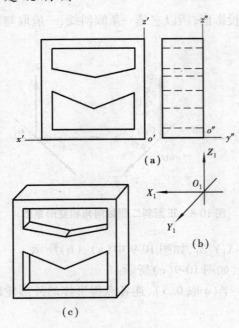

（a）

（b）

（c）

图 10-10　花格的正面斜二测图的画法

【解】 为充分反映形体的特征,可根据需要选择适当的投影方向。图 10-11（b）就是形体四种不同投影方向的斜二测投影。具体作图时,除坐标原点 O 选择不同位置以及 Y 轴选择不同方向的 45°外,其他作法均不变。

二、水平斜轴测图

（一）形成

当坐标面 XOY（形体的水平面）平行于轴测投影面,而投影方向倾斜于轴测投影面时所得到的投影,称为水平斜轴测投影。由该投影所得到的图就是水平斜轴测图。

轴测轴:由于 OX,OY 轴都平行于轴测投影面,其投影不发生变形。所以 $\angle X_1O_1Y_1 = 90°$,OZ 轴的投影为一斜线,一般取 $\angle X_1O_1Z_1$ 为 120°,如图10-12（a）。为符合视觉习惯,常将 O_1Z_1 轴取为竖直线,这就相当于整个坐标旋转了 30°,如图10-12（b）。

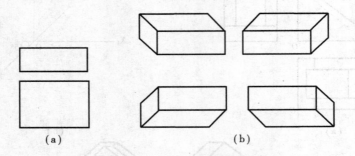

（a）　　　　　　　　　　　（b）

图 10-11　长方体的不同视角的选择

变形系数:$p = q = r = 1$

（二）应用

通常用于小区规划的表现图。

（三）画法

【例 10-7】 已知一小区的总平面图,如图 10-13（a）所示,作其水平斜轴测图。

【解】 （1）将 X 轴旋转,使与水平线成 30°。

（2）按比例画出总平面图的水平斜轴测图。

（3）在水平斜轴测图的基础上,根据已知的各幢房屋的设计高度按同一比例画出各幢房屋。

（4）根据总平面图的要求,还可画出绿化、道路等。

（5）擦去多余线,加深图线,如图 10-13（b）所示。

完成上述作图后,还可着色,形成立体的彩色图。

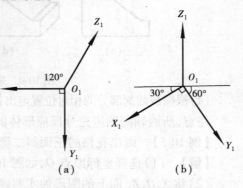

（a）　　　　　　　（b）

图 10-12　水平斜轴测的轴间角

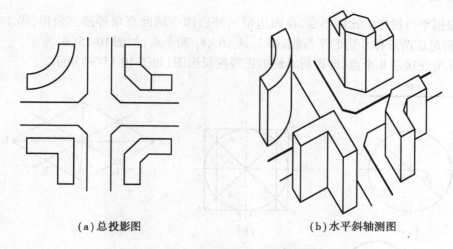

（a）总投影图   （b）水平斜轴测图

图 10-13 小区的水平斜轴测图

第四节 坐标圆的轴测图

在正等测投影中,当圆平面平行于某一轴测投影面时,其投影为椭圆,如图 10-14 所示。其椭圆的画法可采用八点法和四心圆法。

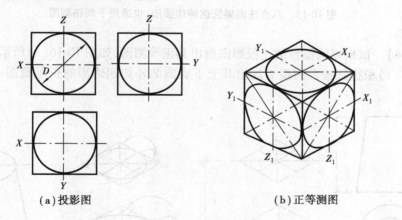

（a）投影图   （b）正等测图

图 10-14 水平、正平、侧平圆的正等测图

一、八点法

以水平圆为例,如图 10-15(a)所示。

1. 画法

（1）作出正投影圆的外切正方形 $ABCD$ 及对角线得 8 个点,其中 1,3,5,7 四个点为切点,2,4,6,8 四个点为对角线上的点。这四个点恰好在圆半径与 1/2 对角线之比为 $1:\sqrt{2}$ 的位置上。如图 10-15(b)所示。

（2）作圆的外切正方形及对角线的正等测投影,如图 10-15(c)所示。

（3）过 O_1 点作两条分别平行于四边形两个方向的直径,得四个切点 $1_1,3_1,5_1,7_1$。

（4）根据平行投影中比例不变,在四边形一外边作一辅助直角等腰三角形,得 $1:\sqrt{2}$ 两点 e_1,f_1。然后过这两点作外边的平行线,得 $2_1,4_1,6_1,8_1$ 四个点,如图 10-15(d)所示。

（5）光滑连接这 8 个点,即得所求圆的正等测投影图,如图 10-15(e)所示。

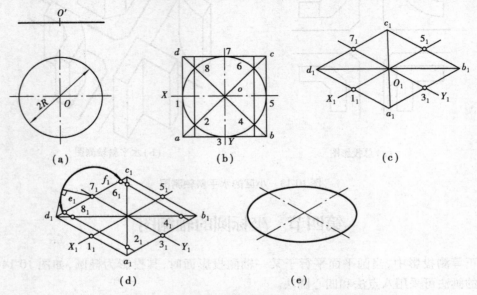

图 10-15　八点法画椭圆这种作图法,也适用于斜轴测图

2. 应用

【例 10-8】　试根据圆锥台的正投影图画出其正等测图,如图 10-16(a)所示。

【解】　（1）根据圆锥台的高 Z 画出其上下底圆的外切四边形的正等测图,如图10-16(b)所示。

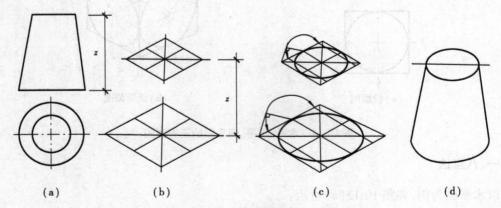

图 10-16　圆锥台的正等测画法

（2）用八点法画出上下底圆的正等测投影图,如图 10-16(c)所示。

（3）作上下两椭圆的公切线（外轮廓线）,擦掉不可见线,即得所求。如图 10-16(d)所示。

二、四心法

以水平圆为例,如图 10-17(a)所示。

1. 画法

（1）作圆的外切正方形及对角线和过圆心 O 的中心线，并作它的正等测图，如图 10-17 中（b）、（c）所示。

（2）以短边对角线上的二顶点 a_1，c_1 为两个圆心 O_1，O_2，以 O_14_1，O_13_1 与长边对角线的交点 O_3，O_4 为另两个圆心，求得四个圆心，如图 10-17（d）所示。

（3）分别以 O_1，O_2 为圆心，以 O_14_1 和 O_22_1 为半径画弧，又分别以 O_3，O_4 为圆心，以 O_31_1 和 O_43_1 为半径画弧。这四段弧就形成了圆的正等测图，如图 10-17（e）所示。

在实际作图时，可不必画出菱形，即过 1_1 作与短轴成30°的直线，它交长、短轴于 O_3，O_2，利用对称性可求得 O_4，O_1，如图（f）所示。再以上述第（3）步画出椭圆。

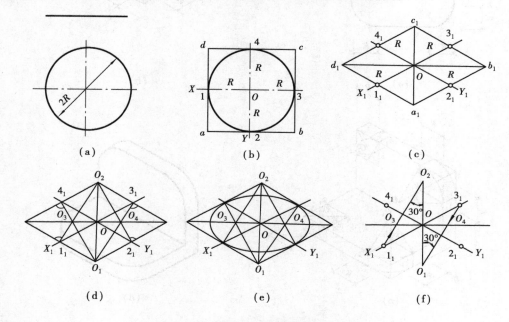

图 10-17　四心法画椭圆

2. 应用

【例 10-9】　已知带圆角的 L 形平板的正投影，如图 10-18（a）所示，画出其正等测图。

【解】　（1）画出 L 形平板矩形外轮廓的正等测图，由圆弧半径 R 在相应棱线上定出各切点 1_1，2_1，3_1，4_1，如图 10-18（b）所示。

（2）过各切点分别作该棱线的垂线，相邻两垂线的交点 O_1，O_2 即为圆心。以 O_1 为圆心，以 O_11_1 为半径画弧$\overset{\frown}{1_12_1}$，以 O_2 为圆心，以 O_23_1 为半径画弧$\overset{\frown}{3_14_1}$。

（3）用平移法将各点（圆心、切点）向下和向后移 h 厚度，得圆心 k_1，k_2 点和各切点。

（4）以 k_1，k_2 为圆心，仍以 O_11_1，O_23_1 为半径就可画出下底面和背面圆弧的轴测图（即上底面、前面圆弧的平行线），如图 10-18（c）所示。

（5）作右侧前边和上边两小圆弧的公切线，擦去多余图线，加深可见图线就完成全图，如图 10-18（d）所示。

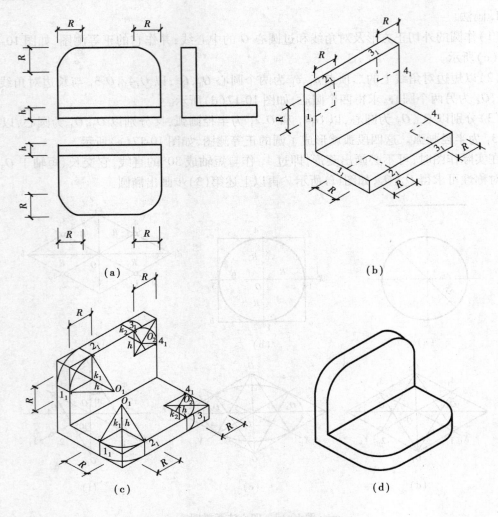

图 10-18　组合体的正等轴测投影

思 考 题

1. 试比较轴测图与正投影图的优缺点。

2. 轴测图是怎样形成的？怎样分类？

3. 正等测的轴间角是多大？轴向变形系数是多少？

4. 正面斜轴测和水平斜轴测有何特点？用途是什么？

5. 采用简化变形系数有何优点？

6. 试述画轴测图的一般步骤和方法？

7. 如何选择轴测图的种类和投影方向？

第十一章　组合体的视图

第一节　概　述

由基本体(如棱锥、棱柱、圆锥、圆柱、圆球、圆环等)按一定规律组合而成的形体,称为组合体。

一、组合体的组成方式

(1)叠加式:由基本体叠加而成,如图11-1(a)所示。

(2)截割式:由基本体被一些面截割后而成,如图11-1(b)所示。

(3)综合式:由基本体叠加和被截割而成,如图11-1(c)所示。

(a)叠加式　　　　　(b)截割式　　　　　(c)综合式

图11-1　组合体的组成方式

二、组合体视图的分类

形体一般用在 V, H, W 面上的正投影来表示,我们将该三面投影图称为三视图。当形体外形较复杂时,图中的各种图线易于密集重合,给读图带来困难。因此,在原来三个投影面的基础上,可再增加与它们各自平行的三个投影面(均为基本投影面),就好像由六个投影面组成了一个方箱,把形体放在中间,然后向六个投影面进行正投影,再按图11-2 中箭头方向把它们展开到一个平面上,便得到形体的六个投影图。由于都属于基本投影面上的投影,所以都称为基本视图。各视图的名称、排列位置如图11-3 所示。

注:括号内为建筑图的名称。

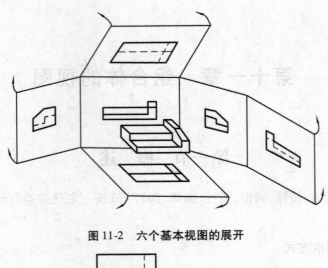

图 11-2　六个基本视图的展开

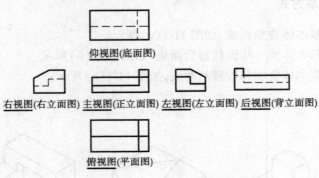

图 11-3　六个基本视图的名称及位置

第二节　组合体视图的画法

画组合体的视图时,一般按下列步骤进行:1. 形体分析,2. 选择视图,3. 画出视图,4. 标注尺寸,5. 填写标题栏及文字说明。

现以梁板式基础(图 11-4(a))为例进行说明。

一、形体分析

将组合体分解成一些基本体,并弄清它们的相对位置,如图 11-4(b)所示。梁板式基础可分解成最下边的长方形板,中间的四根矩形梁及八边形柱础和最上边的四棱柱。四根梁在柱的四边,其位置前后左右对称。柱在八边形柱础的中央,也在矩形板的中央。

二、选择视图

视图的选择主要包括两个方面:

(1)确定安放位置。一般形体按正常位置安放,其主要考虑三点:一要将形体的主要表面平行或垂直于基本投影面,这样视图的实形性好,而且视图的形状简单、画图容易。如图 11-4(a)所示,基础的各个面均平行或垂直于 H,V,W 三个投影面;二要使主视图反映出形体

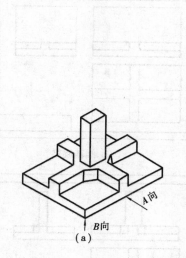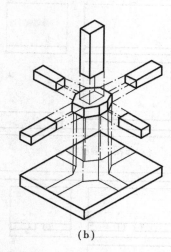

A向

B向

(a)

(b)

图11-4　梁板式基础

的主要特征,如图11-4(a)所示,将 A 向作主视图就好,将 B 向作主视图就差;三要使各视图中的虚线较少。

(2)确定视图数量。其原则是:在保证完整清晰地表达出形体各部分形状和位置的前提下,视图数量应尽量少。如梁板式基础,由于梁柱前后左右对称,所以只需 H,V,W 三个视图。

三、画出视图

(1)根据形体大小和注写尺寸、图名及视图间的间隔所需面积,选择适当的图幅和比例。

(2)布置视图。先画出图框和标题栏线框,确定出图纸上可画图的范围,然后安排三个视图的位置,使每个视图在注完尺寸、写出图名后它们之间的距离及它们与图框线之间的距离大致相等,如图11-5(a)所示。

(3)画底图。根据形体分析,先主后次、先大后小地逐个画出各基本体的视图,如图11-5所示。

注意,形体实际上是一个不可分割的整体,形体分析仅仅是一种假想的分析方法。当将组合体分解成各个基本体,又还原成组合体时,同一个平面上就不应该有交线,如图11-5中(c)、(d)所示,梁和底板侧面之间、梁和八边形柱础的顶面之间就不应该有交线。

(4)加深图线。经检查无误后,擦去多余线,并按规定的线型加深。如有不可见的棱线,就画成虚线。

四、标注尺寸

见本章第三节。

五、填写标题栏及必要的文字说明,完成全图

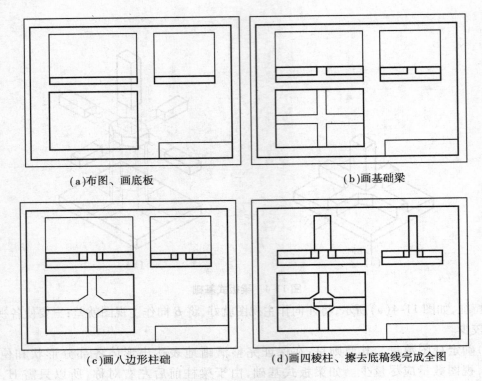

(a)布图、画底板　　　　　　　　　　　(b)画基础梁

(c)画八边形柱础　　　　　　　　(d)画四棱柱、擦去底稿线完成全图

图 11-5　梁板式基础的作图步骤

第三节　组合体视图的尺寸标注

视图是表达形体形状的依据,尺寸是表达形体大小的依据,施工制作时缺一不可。

一、组合体的尺寸分类

组合体是由基本几何体所组成,只要标注出这些基本几何体的大小及它们之间的相对位置,就完全确定了组合体的大小。

1. 定形尺寸

确定组合体中各基本几何体大小的尺寸,叫定形尺寸。一般按基本几何体的长、宽、高三个方向来标注,但有的形体由于其形状较特殊,亦可只注两个或一个尺寸,如图 11-6 所示。

2. 定位尺寸

确定组合体中各基本几何体之间相对位置的尺寸,叫定位尺寸。一般按基本几何体之间的前后、左右、上下位置来标注。标注定位尺寸,先要选择尺寸标注的起点,视组合体的不同组成,一般可选择投影面的平行面、形体的对称面、轴线、中心线等作为尺寸标注的起点,并且可以有一个或多个这样的起点。

如图 11-7 所示,组合体平面图中圆柱定形尺寸为 $\phi8$,矩形孔定形尺寸为 12×14。为确定圆柱和矩形孔在组合体中的位置,就需标出它们的定位尺寸。在长度方向上,以底板左端面为起点标注出圆柱中心线的定位尺寸是 10,再以此圆柱中心线为起点标注出矩形孔左端面的定位尺寸是 8;在宽度方向上,对于圆柱和方孔,以中间对称面为基准就前后对称,所以可不标出

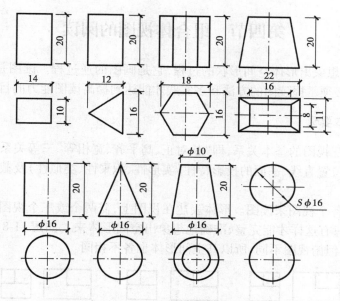

图 11-6　基本体的尺寸标注

定位尺寸。也可以底板前端面为起点标注出矩形孔前面的定位尺寸是 3,再以该面为起点,标注出圆柱中心线的定位尺寸是 7,圆柱中心线也是矩形孔的对称线,最后标出矩形孔的另一半尺寸 7;在高度方向上,因为圆柱直接放在底板上,矩形孔是穿通的,所以无需标注定位尺寸。

3. 总尺寸

表示组合体总长、总宽、总高的尺寸,叫总尺寸。如图 11-7 中长×宽×高 = 35 × 20 × 13 就是该组合体的总尺寸。当形体的定形尺寸与总尺寸相同时只取一个表示即可。

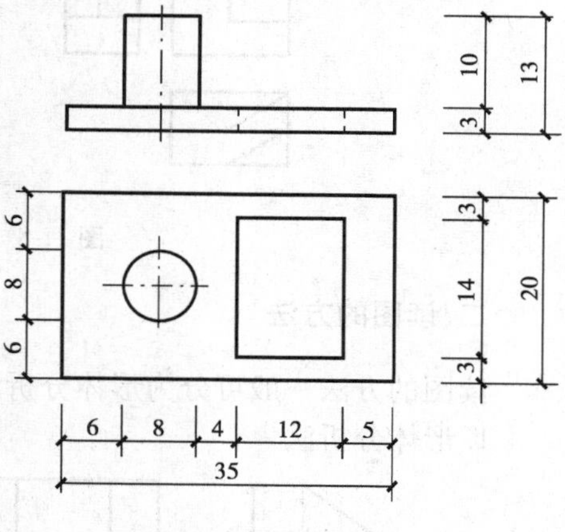

图 11-7　定位尺寸

二、尺寸的标注

一般按以下原则标注:

(1)尺寸标注明显。尺寸尽可能标注在最能反映形体特征的视图上。

(2)尺寸标注集中。同一基本体的定形、定位尺寸尽量集中标注;与两视图有关的尺寸,应标在两视图之间的位置。

(3)尺寸布置整齐。大尺寸布置在外,小尺寸布置在内,各尺寸线之间的间隔大约相等,尺寸线和尺寸界线应避免交叉。

(4)保持视图清晰。尺寸尽量布置在视图之外,少布置在视图之内;虚线处尽量不标注尺寸。

第四节　组合体视图的阅读

读图是由视图想象出形体空间形状的过程,它是画图的逆过程。读图是增强空间想象力的一个重要环节,必须掌握读图的方法和多实践才能达到提高读图能力的目的。

一、读图的基本要素

(1)掌握形体三视图的基本关系,即"长对正、高平齐、宽相等"三等关系。

(2)掌握各种位置直线、平面的投影特性(实形性、积聚性、类似性)及截交线、相贯线的投影特点。

(3)联系形体各个视图来读图。形体表达在视图上,需两个或三个视图。读图时,应将各个视图联系起来,只有这样才能完整、准确地想象出空间形体来。如图 11-8 所示,它们的主视图、左视图都相同,但俯视图不同,所以其空间形体也各不相同。

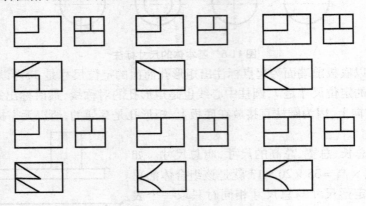

图 11-8　根据主视图判断形体的形状

二、读图的方法

读图的方法一般可分为形体分析法和线面分析法。

1. 形体分析法

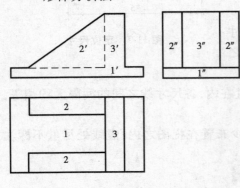

图 11-9　组合体和三视图

读图时,首先要对组合体作形体分析,了解它的组成,然后将视图上的组合体分解成一些基本体。根据各基本体的视图想象出它们的形状,再根据各基本体的相对位置,综合想象出组合体的形状。这里把组合体分解成几个基本体并找出它们相应的各视图,是运用形体分析法读图的关键。应注意组成组合体的每一个基本体,其投影轮廓线都是一个封闭的线框,亦即视图上每一个封闭线框一定是组合体或组成组合体的基本体投影的轮廓线,对一个封闭的线框可根据"三等"关系找出它的各个视图来。此法多用于叠加式组合体。

【例 11-1】　根据图 11-9 所示组合体的三视图,想象其形状。

【解】　根据图 11-9 的主视图、左视图及俯视图(平面图)了解到该组合体由三部分所组成。因此将其分解为三个基本体。由组合体左视图中的矩形线框 1″,用"高平齐"找出其 V 面投影为矩形线框 1′,用"长对正、宽相等"找出 H 面投影为矩形线框 1。把它们从组合体中分离出矩形的三视图,如图 11-10(a)所示。由三视图想象出的形状是长方形板 I,如图 11-10(b)所示。

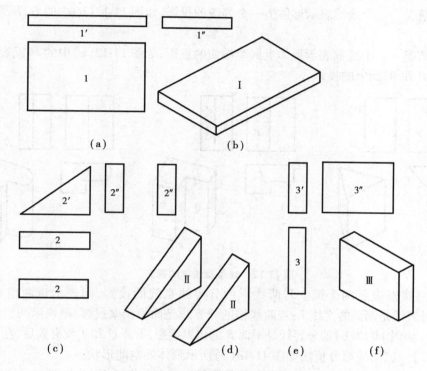

图 11-10　组合体的形体分析

同理,由线框 2″找出其线框 2 和 2′,分离出形体的三视图,如图 11-10(c)所示。由此想出的形状是三角形板 II,如图 11-10(d)所示。

由线框 3 找出 3′和 3″,分离出形状的三视图,如图 11-10(e)所示,由此想出的形状是长方形板 III,如图 11-10(f)所示。

把上述分别想得的基本体按照图 11-9 所给定的相对位置组合成整体,就得出视图所表示的空间形体的形状,如图 11-11 所示。

2. 线面分析法

根据形体中线、面的投影,分析它们的空间形状和位置,从而想象出它们所组成的形体的形状。此法多用于截割式组合体。

用线面分析法读图,关键是要分析出视图中每一条线段和每一个线框的空间意义。

(1)线条的意义。视图中的每一线条可以是下述三种情况之一:

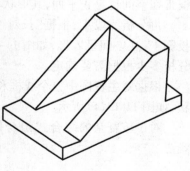

图 11-11　组合体的立体图

①表示两面的交线,如图 11-12(a)中的 L。

②表示平面的积聚投影,如图 11-12(b)中的 R。

③表示曲面的转向轮廓线,如图 11-12(c)中立面图上的 m'。

若三视图中无曲线,则空间形体无曲面,如图 11-12 中(a)、(b)所示。

若三视图中有曲线,则空间形体有曲面,如图 11-12(c)所示。

(2)线框的意义

①一般情况　一个线框表示形体上一个表面的投影,如图 11-12(b)中的 Q,T 都表示一个平面。

②特殊情况　一个线框表示形体上两个端面的重影,如图 11-12(a)中的 P'' 就表示了形体的两个棱面 P 在 W 面上的投影。

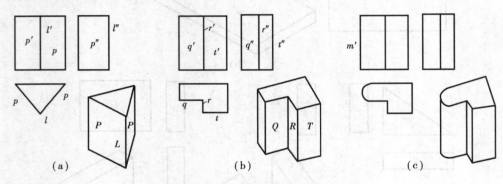

图 11-12　线条及线框的意义

③相邻两线框表示两个面。若两线框的分界线是线的投影,则表示该两面相交,如图 11-12(a)的分界线是两面的交线 L;若两线框的分界线是面的积聚投影,则表示两面有前后、高低、左右之分,如图 11-12(b)的分界线是平面 R 的积聚投影,平面 Q 和 T 就有前后、左右之分。

【例 11-2】　试用线面分析法如图 11-13(a)所示形体的空间形状。

【解】　在主视图中,共有三个线框和五条线段。首先分析线框 $1'$,如图 11-13(b)所示,利用三等关系,由"高平齐"找到其侧面投影 $1''$;由"长对正、宽相等"找出其对应的水平投影 1;根据线框 Ⅰ 的三面投影 $(1,1',1'')$ 可知它在空间是一个梯形的正平面。同理,可知线框 Ⅱ 和线框 Ⅲ 在空间也是正平面,其形状均为四边形,如图 11-13 中(c)、(d)所示。

再分析线段 $4'$,根据"长对正、高平齐"可知它是一个正垂面,对应的是水平投影 4 和侧面投影 $4''$,在空间呈 L 形,如图 11-13(e)所示。同理,可分析出主视图中其他线段的空间意义,分析多少根据需要确定。

根据对主视图中三个线框和一条线段的分析,就可想象出由它们所围成的形体的空间形状,如图 11-13(f)所示。

对于较复杂的综合式组合体,先以形体分析法分解出各基本体,后用线面分析法读懂难点。

三、已知组合体的二视图,补画第三视图(简称"二补三")

由组合体的二视图补画第三视图,是培养读图能力和检验读图效果的一种重要手段,也是培养分析问题和解决问题能力的一种重要方法。

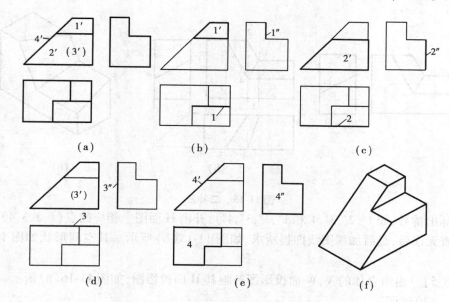

图 11-13 线面分析法读图

"二补三"的步骤是:先读图,后补图,再检查。

现举例如下:

【例 11-3】 由组合体的 V,W 面投影图补画其 H 面投影图,如图 11-14(a)所示。

【解】 (1)读图:从 W 面图的外轮廓看,外形是一梯形体。它也可看作是一长方体被一斜面所截,在此基础上将形体中间再挖一个槽。以这样从"外"到"内"、从"大"到"小"、先"整体"后"局部"的顺序来读图。

(2)补图:根据三等关系,先补出外轮廓的 H 面投影图,如图 11-14(b)所示;然后再补出槽的 H 投影图,如图11-14(c)所示。经检查(用三等关系、形体分析、线面分析以及想象空间形体等来检查)无误后,最后加深图线完成所补图。其空间形体如图 11-14(d)所示。

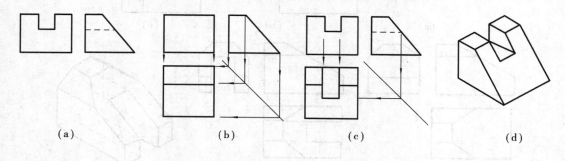

图 11-14 二补三

【例 11-4】 由组合体的 V,W 面投影图,补画其 H 面投影图,如图 11-15(a)所示。

【解】 (1)读图:从 V 面图的外轮廓看,它是一长方体左上部被两个平面所截后剩下的部分。从"高平齐"可看出,左边一截平面是侧垂面(W 面上积聚为一直线);右边一截平面是一斜面(V,W 面上均为类似图形)。由此来想象形体的形状。

(2)补图:先由三等关系画出 H 面投影图的外轮廓,然后根据 V,W 面图上的相关点(这些

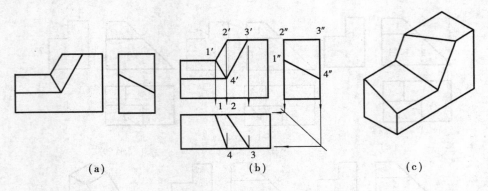

$$(a) \qquad\qquad (b) \qquad\qquad (c)$$

图 11-15　二补三

点可自行标出番号,如 1′,2′,3′,4′和 1″,2″,3″,4″),补出 H 面图上相应的点(1,2,3,4),连点成线。经检查无误后,最后加深图线即得所求,如图 11-15(b)所示。其空间形状如图 11-15(c)所示。

【例 11-5】　由组合体的 V,W 面投影图补画其 H 面投影图,如图 11-16(a)所示。

【解】　(1)读图。

从 V 面图看,该体外轮廓为一矩形体左上部分被斜面截掉了,从 W 面图看,也为矩形体的外轮廓其上部两边各被截掉一个角,下部中间部分被挖去了一个矩形槽。由此想象出这个矩形体被截去、挖掉后的形状。

(2)补图。

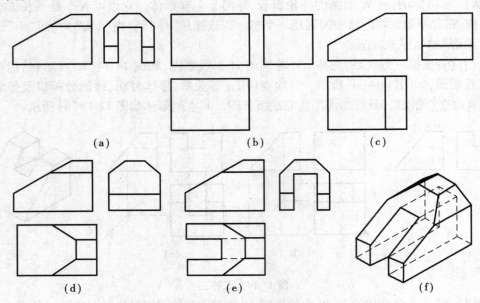

$$(a) \qquad\qquad (b) \qquad\qquad (c)$$

$$(d) \qquad\qquad (e) \qquad\qquad (f)$$

图 11-16　二补三

根据三等关系,先补出形体未被截割时的外轮廓的 H 投影——矩形线框,如图 11-16(b)。然后画出形体左上部分被截去后的 H 投影,如图 11-16(c)。再画出形体右上部分各被截去一个角后的 H 投影,如图 11-16(d)。最后画出形体下部中间被挖去一个矩形槽后的 H 投影,经检查无误后加深图线即得所求,如图 11-16(e)所示。图 11-16(f)为形体的立体图。

第十二章　剖面图和断面图

在画物体的正投影图时，虽然能表达清楚物体的外部形状和大小，但物体内部的孔洞以及被外部遮挡的轮廓线则需要用虚线来表示。当物体内部的形状较复杂时，在投影中就会出现很多虚线，且虚线相互重叠或交叉，既不便看图，又不利于标注尺寸，而且难于表达出物体的材料。如图 12-1 所示的钢筋混凝土杯形基础，其 V 面投影中就出现了表达其杯形空洞的虚线。为此，假想用一个剖切平面 P 沿前后对称平面将其剖开，如图 12-2（a）所示，把位于观察者和剖切平面之间的部分移去，而将剩余部分向 P 所平行的投影面进行投影，所得的图就称为剖面图，如图 12-2（b）所示。

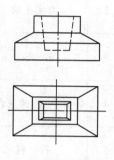

图 12-1　杯形基础的投影图

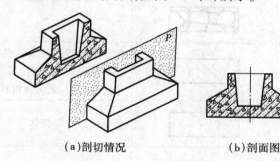

（a）剖切情况　　　　　　　（b）剖面图

图 12-2　杯形基础的剖面图

第一节　剖面图的画法及分类

一、剖面图的画法

（一）确定剖切平面的位置

剖切平面应平行于投影面进行剖切，以使剖到部分的图形反映实形。如物体带有孔、洞、槽，剖切平面还宜通过物体孔、洞、槽的中心线。

（二）剖面图的图线及图例

如图 12-2（b）所示，物体被剖切后所形成的断面轮廓线，用粗实线画出；物体未剖到部分的投影用中实线画出；看不见的虚线，一般省略不画。

为使物体被剖到部分与未剖到部分区别开来，使图形清晰可辨，应在断面轮廓范围内画上表示其材料种类的图例。常用的建筑材料图例见表 12-1。

表 12-1　常用建筑材料图例

序号	名　称	图　例	备　注
1	自然土壤		包括各种自然土壤
2	夯实土壤		
3	砂、灰土		
4	砂砾土、碎砖三合土		
5	石　材		
6	毛　石		
7	普通砖		包括实心砖、多孔砖、砌块等砌体，断面较窄不易绘出图例线时，可涂红，并在图纸备注中加注说明，画出该材料图例
8	耐火砖		包括耐酸砖等砌体
9	空心砖		指非承重砖砌体
10	饰面砖		包括铺地砖、马赛克、陶瓷锦砖、人造大理石等
11	焦渣、矿渣		包括与水泥、石灰等混合而成的材料
12	混凝土		1. 本图例指能承重的混凝土及钢筋混凝土 2. 包括各种强度、等级、骨料、添加剂的混凝土 3. 在剖面图上画出钢筋，不画图例线 4. 断面图形小，不易画出图例线时，可涂黑
13	钢筋混凝土		
14	多孔材料		包括水泥珍珠岩、沥青珍珠岩、泡沫混凝土、非承重加气混凝土、软木、蛭石制品等

序号	名　称	图　例	备　注
15	纤维材料		包括矿棉、岩棉、玻璃棉、麻丝、木丝板、纤维板等
16	泡沫塑料材料	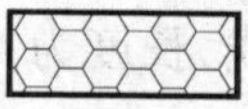	包括聚苯乙烯、聚乙烯、聚氨酯等多孔聚合物类材料
17	木　材		1. 上图为横断面,上左图为垫木、木砖或木龙骨 2. 下图为纵断面
18	胶合板		应注明为×层胶合板
19	石膏板	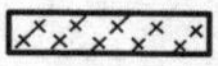	包括圆孔、方孔石膏板、防水石膏板、硅钙板、防火板等
20	金　属		1. 包括各种金属 2. 图形小时,可涂黑
21	网状材料		1. 包括金属、塑料网状材料 2. 应注明具体材料名称
22	液　体	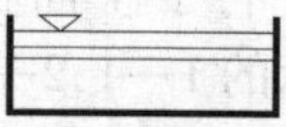	应注明具体液体名称
23	玻　璃		包括平板玻璃、磨砂玻璃、夹丝玻璃、钢化玻璃、中空玻璃、加层玻璃、镀膜玻璃等
24	橡　胶		
25	塑　料		包括各种软、硬塑料及有机玻璃等
26	防水材料	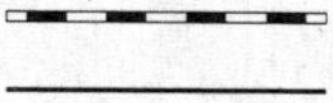	构造层次多或比例大时,采用上面图例
27	粉　刷		本图例采用较稀的点

注:序号1,2,5,7,8,13,14,16,17,18,22,23图例中的斜线、短斜线、交叉线等一律为45°。

当不必指明材料种类时,应在断面轮廓范围内用细实线画上 45°的剖面线,同一物体的剖面线应方向一致,间距相等。

(三)剖面图的标注

为了看图时便于了解剖切位置和投射方向,寻找投影的对应关系,应进行以下标注。

1. 剖切符号

剖面的剖切符号,应由剖切位置线及剖视方向线组成,均应以粗实线绘制。剖切位置线的长度为 6~10 mm;剖视方向线应垂直于剖切位置线,长度为 4~6 mm。绘图时,剖视剖切符号不宜与图面上的图线相接触。

2. 剖视剖切符号的编号

在剖视方向线的端部,宜按顺序由左至右、由下至上用阿拉伯数字连续编排注写剖面编号,并在剖面图的下方正中分别注写 1—1 剖面图、2—2 剖面图、3—3 剖面图……以表示图名。图名下方还应画上粗实线,粗实线的长度与图名字体的长度相等。

必须指出:剖切平面是假想的,其目的是为了表达出物体内部形状,故除了剖面图和断面图外,其他各投影图均按原来未剖时画出。一个物体无论被剖切几次,每次剖切均按完整的物体进行。

另外,对通过物体对称平面的剖切位置,或习惯使用的位置,或按基本视图的排列位置,则可以不注写图名,也无需进行剖面标注,如图 12-4 所示。

二、剖面图的分类

(一)全剖面图——用一个剖切平面将物体全部剖开

如图 12-3 所示为洗涤盆的投影,从图中可知,物体外形比较简单。而内部有圆孔,故剖切平面沿洗涤盆圆孔的前后、左右对称平面而分别平行于 V 面和 W 面把它全部剖开,然后分别向 V 面和 W 面进行投影,即可得到如图 12-3 所示的 1—1,2—2 剖面图。

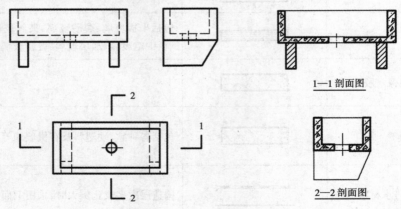

图 12-3　洗涤盆的投影及剖面图

图 12-4 所示为将 V 面和 W 面投影取剖面后,用剖面图代替原 V 面投影和 W 面投影,并安放在它们的相应位置,此时不必进行标注。

应当注意:图 12-4 中洗涤盆的上部为钢筋混凝土盆,下部为砖碶,剖切后虽属同一剖切平面,但因其材料不同,故在材料图例分界处要用粗实线分开。

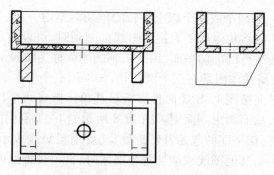

图 12-4 剖面图不注写编号的情况

(二)半剖面图——用一个剖切平面把物体剖开一半(剖至对称面止,拿去物体 1/4)

当物体的内部和外部均需表达,且具有对称平面时,其投影以对称线为界,一半画外形,另一半画成剖面图,这样得到的图称为半剖面图。如图 12-5 所示,由于物体内部的矩形坑的深度难以从投影图中确定,且该物体前后、左右对称,故可采用半剖面图来表示。如图12-6所示,画出半个 V 面投影和半个 W 面投影以表示物体的外形,再配上相应的半个剖面,即可知内部矩形坑的深度。

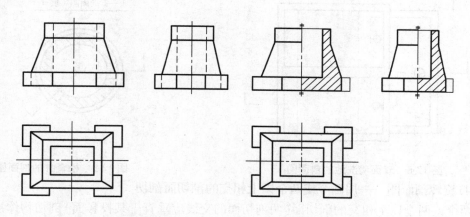

图 12-5 物体的投影图   图 12-6 物体的半剖面图

必须指出,在半剖面图中,如果物体的对称线是竖直方向(如在 V,W 面投影中),则剖面部分应画在对称线的右边;如果物体的对称线是水平方向(如在 H 面投影中),则剖面部分应画在对称线的下边。另外,在半剖面图中,因内部情况已由剖面图表达清楚,故表示外形的那半边一律不画虚线,只是在某部分形状尚不能确定时,才画出必要的虚线。半剖面图的剖切符号,应按全剖面图的剖切符号标注,而不能只标注被剖切的那一半,也可不标注。

半剖面图也可以理解为假想把物体剖去四分之一(如图 12-7)后画出的投影图,但外形与剖面的分界线应用对称符号画出,且剖面图在对称符号线处不能画轮廓线(粗线),如图 12-6 所示。

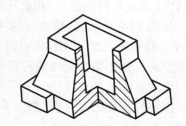

图 12-7 物体剖切四分之一后的轴测图

（三）阶梯剖面图——用两个或两个以上平行的剖切面剖切

当用一个剖切平面不能将物体需要表达的内部都剖到时，可以将剖切平面直角转折成相互平行的两个或两个以上平行的剖切平面，由此得到的图就称为阶梯剖面图。

如图 12-8 所示，双面清洗池内部有三个圆柱孔，如果用一个与 V 面平行的平面剖切，只能剖到一个孔。故将剖切平面按图 12-8 H 面投影所示直角转折成两个均平行于 V 面的剖切平面，分别通过大小圆柱孔，从而画出剖面图。图 12-8 所示的 1—1 剖面图就是阶梯剖面图。

画阶梯剖面图时，在剖切平面的起始及转折处，均要用粗短线表示剖切位置和投影方向，同时注上剖面编号。如不与其他图线或剖切符号混淆时，直角转折处可以不注写编号。另外，由于剖切面是假想的，因此，两个剖切面的转折处不应画分界线。

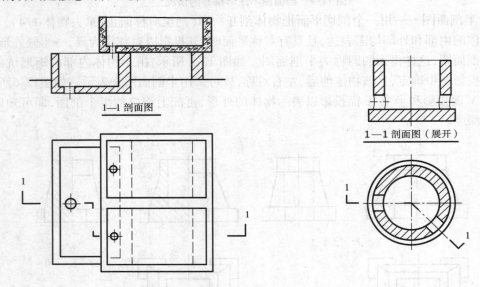

图 12-8　双面清洗池的剖面图　　　　　　　图 12-9　检查井的剖面图

（四）旋转剖面图——用两个或两个以上相交的剖切面剖切

用两个或两个以上相交的剖切面（两剖切面的交线应垂直于某投影面）剖切物体后，将倾斜于投影面的剖面绕其交线旋转展开到与投影面平行的位置，这样所得的剖面图就称为旋转剖面图（或展开剖面图）。用此法剖切时，应在剖面图的图名后加注"展开"字样。

如图 12-9 所示，其检查井的两圆柱孔的轴线互成 135°，若采用铅垂的两剖切平面并按图中 H 面投影所示的剖切线位置将其剖开，此时左边剖面与 V 面平行，而右边与 V 面倾斜的剖面就绕两剖切平面的交线旋转展开至与 V 面平行的位置，然后向 V 面投影，就得到该检查井的剖面图。

画旋转剖面图时，应在剖切平面的起始及相交处，用粗短线表示剖切位置，用垂直于剖切线的粗短线表示投影方向。

（五）局部剖切和分层局部剖切剖面图

为只了解物体局部的构造层次，可只对该物体局部进行剖切，而保留其他外形，由此而得到的图称为局部剖面图。如图 12-10 所示，将杯形基础的 H 面投影局部剖开画成剖面图，以显示基础内部的钢筋配置情况。画这种剖面图时，其外形与剖面图之间，应用波浪线分界，剖切范围根据需要而定。

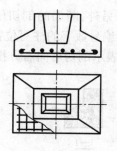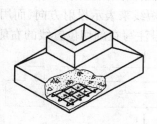

图 12-10　杯形基础的局部剖面图

图 12-11 所示为在墙体中预埋的管道固定支架,图中只将其固定支架的局部剖开画成剖面图,以表示支架埋入墙体的深度及砂浆的灌注情况。

当需显示物体多层次构造时,可采用分层局部剖切,不同层次剖面图之间,以波浪线分界。

图 12-12 所示为板条抹灰隔墙的分层剖切剖面图,以表示各层所用材料及做法。

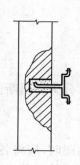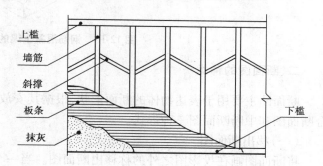

图 12-11　墙体中固定支　　　　　　　　图 12-12　板条抹灰隔墙面分层局部剖切剖面图
架处的局部剖面图

第二节　断面图的画法及分类

当剖切平面剖开物体后,若只画出剖切平面剖到部分的投影(即看见部分的投影不画出),就称为断面图(或截面图)。

一、断面图的画法

(1)断面的剖切符号,只用剖切位置线表示;并以粗实线绘制,长度为 6 ~ 10 mm。

(2)断面剖切符号的编号,宜采用阿拉伯数字,按顺序连续编排,并注写在剖切位置线的一侧,编号所在的一侧即为该断面的剖视方向。

(3)断面图的正下方只注写断面编号以表示图名,如 1—1,2—2,并在编号数字下面画一粗短线,而省去“断面”二字。

(4)断面图的剖面线及材料图例的画法与剖面图相同。

图 12-13 所示为钢筋混凝土楼梯的梯板断面图。它与剖面图的区别在于:断面图只需画出物体被剖后的断面图形,至于剖切后沿投射方向能见到的其他部分,则不必画出。显然,剖

面图包含了断面图,而断面图则是剖面图的一部分。另外,断面的剖切位置线的外端,不用与剖切位置线垂直的粗短线来表示投射方向,而用断面编号数字的注写位置来表示。如图 12-13 所示,1—1 断面的编号注写在剖切位置线的右侧,则表示剖切后向右方投影。

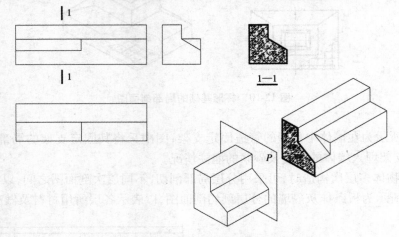

图 12-13　钢筋混凝土梁的断面图

二、断面图的种类

断面图主要用于表达物体的断面形状,根据其安放位置不同,一般可分为移出断面图、重合断面图和中断断面图三种形式。

(一)移出断面图

将断面图画在投影图之外的称移出断面图。当一个物体有多个断面图时,应将各断面图按顺序依次整齐地排列在投影图的附近,如图 12-14 所示为预制钢筋混凝土柱的移出断面图。根据需要,断面图可用较大的比例画出,图 12-14 就是放大一倍画出的。

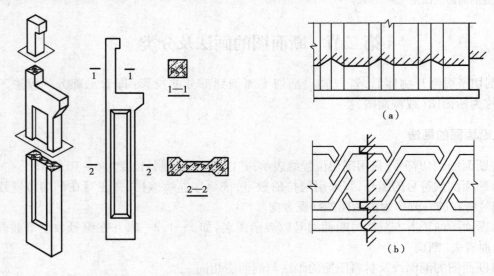

图 12-14　钢筋混凝土柱的移出断面图　　　　图 12-15　墙面装饰线脚的重合断面图

(二)重合断面图

断面图旋转90°重合到基本投影图上,称重合断面图。其旋转方向可向上、向下、向左和向右。

图12-15为墙面装饰线脚的重合断面图。其中图12-15(a)是将被剖切的断面向下旋转90°而成;图12-15(b)是将被剖切的断面向左旋转90°而成。重合断面图的特点是其比例与基本投影图相同。重合断面图可不标注剖切位置线和编号。另外,为了使断面轮廓线区别于投影轮廓线,前者应以粗实线绘制,而后者则以中粗实线绘制,且在表示断面轮廓线的墙内一侧画上45°细斜线。

(三)中断断面图

断面图画在构件投影图的中断处,就称为中断断面图。它主要用于一些较长且均匀变化的单一构件。图12-16所示为角钢的中断断面图,其画法是在构件投影图的某一处用折断线断开,然后将断面图画在当中。

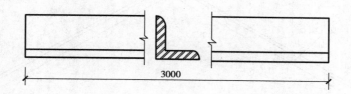

3000

图12-16　角钢的中断断面图

画中断断面图时,原投影长度可缩短,但尺寸应完整地标注。画图的比例、线型与重合断面图相同,也勿需标注剖切位置线和编号。

第十三章 建筑施工图

第一节 概 述

一、房屋的组成及名称

图 13-1 所示为某宿舍楼的组成示意图。该房屋最下面埋在土中的扩大部分称为基础;在

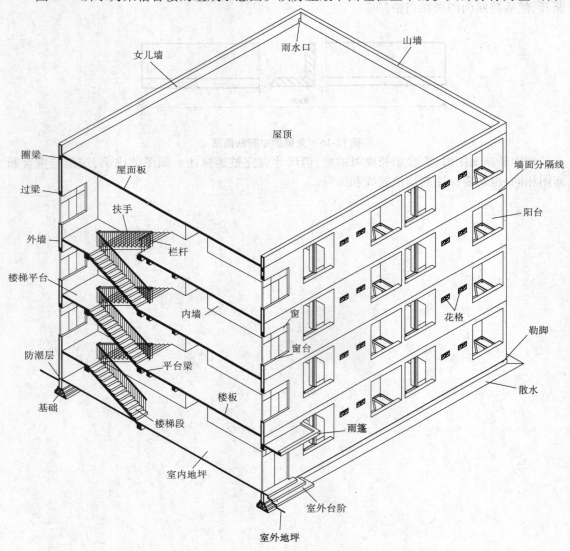

图 13-1 某学生宿舍楼的组成

女儿墙 雨水口 山墙 屋顶 墙面分隔线 阳台 花格 勒脚 散水 雨篷 室外台阶 室外地坪 圈梁 过梁 扶手 栏杆 外墙 楼梯平台 内墙 平台梁 防潮层 基础 楼梯段 楼板 室内地坪 屋面板 窗 窗台

基础的上面是墙(或柱);墙有内外墙之分,外墙靠近室内地坪处设有防潮层;外墙靠近室外地坪的部分叫勒脚;勒脚下房屋四周具有排水坡度的室外地坪叫散水;外墙上还有窗台、阳台、雨篷、门窗;门窗洞的上面有过梁;外墙最上部高出屋面的部分叫女儿墙;房屋两端的横向外墙叫山墙;房屋最下部的水平面叫室内地坪面;最上部临空的水平面叫屋面,屋面上还设有用于屋面排水的雨水口;房屋中间的若干水平面就是楼面;内墙最下部靠近楼地面的表面部分叫踢脚;连接各层楼面的是楼梯(还有电梯、自动扶梯等),楼梯包括平台、梯段、栏杆扶手或栏板;房屋大门入口处还有台阶(有的还设有室外花台、明沟等)。

二、施工图的分类

一幢房屋的设计是由多个专业共同协调配合完成的,如建筑、结构、设备等专业,它们按照各自专业的要求,用投影的方法,并遵照国家颁布的制图标准及建筑专业的习惯画法,绘制出建筑物及其构配件的形状、尺寸大小、结构布置、材料和构造作法的图样,就是房屋施工图,它是房屋施工的重要依据,也是企业管理的重要技术文件。

按建筑物的设计过程,房屋施工图可分为:方案图、初步设计图(简称初设图)、扩大初步设计图(简称扩初图)和施工图。

房屋施工图按其专业的不同可分为以下几种。

(1)建筑施工图(简称建施图)　它主要表示房屋建筑设计的内容,如建筑群的总体布局,房屋内部各个空间的布置,房屋的外观形状,房屋的装修、构造作法和所用材料等。建施图一般包括施工图首页(含设计说明、目录等)、总平面图、建筑平面图、立面图、剖面图和详图。

(2)结构施工图(简称结施图)　它主要表示房屋结构设计的内容,如房屋承重结构的类型、承重构件的种类、大小、数量、布置情况及详细的构造作法等。结施图一般包括结构设计说明、结构布置平面图、各种构件的构造详图等。

(3)设备施工图(简称设施图)　它主要表示房屋的给排水、采暖通风、供电照明、燃气等设备的布置和安装要求等。设施图一般包括平面布置图、系统图与安装详图等内容。

三、模数协调

国家颁布的《建筑模数协调统一标准》(GBJ 2—86),将模数作为建筑物设计、构件生产以及施工等各方面的尺寸协调基础,使建筑物的构配件、组合件能用于不同地区和各种类型的建筑物中,使不同材料、不同形式和不同制造方法的建筑构配件、组合件有最大的通用性和互换性,可提高建筑的工业化水平,提高房屋设计和建造的速度和质量以及降低造价。

1. 模数的分类

模数是选定的尺寸单位,模数分为基本模数和导出模数。模数协调标准选用的基本模数用符号 M 来代表,其值为 100 mm,即 1M＝100 mm。导出模数又分为分模数和扩大模数,它们应符合下列规定:

分模数基数为 $\frac{1}{10}$M, $\frac{1}{5}$M, $\frac{1}{2}$M,相应尺寸分别为 10,20,50 mm。

水平基本模数 M 数列,按 100 mm 进级,幅度由 1～20M。

竖向基本模数 M 数列,按 100 mm 进级,幅度由 1～36M。

扩大模数基数为 3M,6M,12M,15M,30M,60M,相应尺寸分别为 300,600,1200,1500,

3000,6000 mm。

扩大模数用于水平尺寸时,3M 按 300 mm 进级,幅度由 3~75M。

竖向扩大模数的幅度,3M 数列按 300 mm 进级,6M 数列按 600 mm 进级,幅度均不限制。

2.模数数列的适用范围

分模数主要用于缝隙、构造节点、构配件截面等处。

水平基本模数主要用于门窗洞口和构配件截面等处。

竖向基本模数主要用于建筑物的层高、门窗洞口和构配件截面等处。

水平扩大模数主要用于建筑物的开间或柱距、进深或跨度,构配件尺寸和门窗洞口等处。

竖向扩大模数主要用于建筑物的高度、层高和门窗洞口等处。

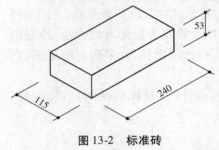

图 13-2　标准砖

四、砖及砖墙

一般将高 × 宽 × 长为 53 mm × 115 mm × 240 mm,三者之比约为 1∶2∶4 的砖叫作标准砖,也叫普通砖,如图13-2所示。其品种有黏土砖、灰砂砖、页岩砖等。砖墙的尺寸与砖的尺寸密切相关,砖墙由砖和砂浆砌成,砂浆的厚度规定为 8~12 mm,当取其平均值 10 mm 时,用标准砖砌筑的墙体厚度,其标志尺寸就为 120,180,240,370,490 mm 等,习惯上将它们称为 12 墙、18 墙、24 墙、37 墙、49 墙等。

此外,现在各地越来越多地采用各种砌块,这些砌块是利用地方材料或工业废料制成,如用混凝土、加气混凝土、各种工业废渣、粉煤灰、煤矸石等组成,但其规格、类型较多,其墙体尺寸就由砌块尺寸所决定。

五、标准图与标准图集

一种具有通用性质的图样,就称为标准图或通用图,将标准图装订成册,即为标准图集。标准图有两种:一种是整栋房屋的标准设计;另一种是目前大量使用的、适用各种房屋的构配件的标准图。根据专业的不同,用不同的字母和数字来表示标准图集的类型,如建筑标准图集就用字母"J"来表示,结构标准图集就用字母"G"来表示,也有直接用文字"建"或"结"来表示的。

标准图有全国通用的,有各省、市、自治区通用的,一般使用范围都限制在图集封面所注的地区。例如图集封面上注有国家标准图集《钢筋混凝土过梁》03G 322—1,表示图集为全国范围内通用,03G 322—1 为钢筋混凝土过梁其中一种图集的代号,结构专业选用;又如西南地区(云、贵、川、藏、渝)的标准图集:西南 04J516《室外装修》,其适用地区范围就为"西南",供建筑专业人员用于室外装修选用的标准图集。

使用标准图,是为了加快设计与施工的速度,提高设计与施工的质量。各地标准图的命名和编号不一样,在使用标准图时,先看其说明,掌握其表示的方法,了解其内容,这样才有助于迅速而准确地满足自己的需要。

第二节 总平面图

在画有等高线和坐标网格的地形图上,用以表达新建房屋的总体布局及它与外界关系的平面图称为总平面图。从总平面图上可以了解到新建房屋的位置、平面形状、朝向、标高、新设计的道路、绿化以及与原有房屋、道路、河流等的关系。它是新建房屋的定位、施工放线、土方施工及布置施工现场的依据,同时也是其他专业管线设置的依据。

一、比例

因总平面图包括的地区范围较大,绘制时通常都用较小的比例。总平面图的比例一般采用 1:500,1:1000,1:2000。在实际工程中,总平面图的比例应与地形图的比例相同。

二、图例

在总平面图上,由于要表示出用地范围内所包含的较多内容,如新建的建筑物、旧建筑物、构筑物,道路、桥梁、绿化、河流等,又由于采用的比例较小,所以就用图例来表示它们。GB/T 50103—2010 列出了常用的一些图例,如表 13-1、表 13-2 和表 13-3 所示。在较复杂的总平面图中,若国标规定的图例还不够选用,可自行画出某种图形作为补充图例,但必须在图中适当的位置另加说明。

表 13-1　总平面图例(摘自 GB/T 50103—2010)

名　称	图　例	说　明
新建建筑物	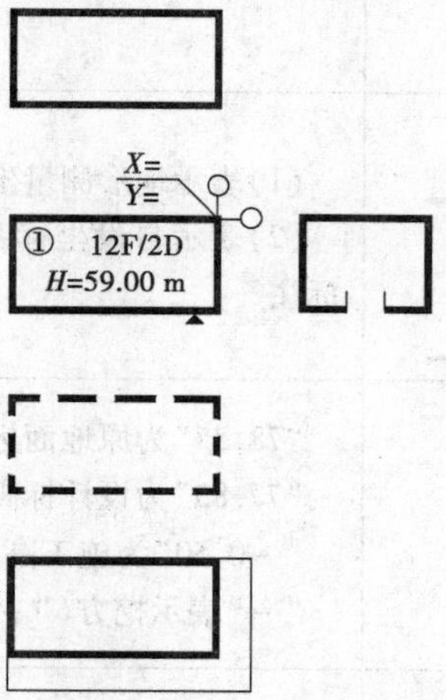 $X=$ $Y=$ ① 12F/2D $H=59.00$ m	新建建筑物以粗实线表示与室外地坪相接处 ±0.00 外墙定位轮廓线; 建筑物一般以 ±0.00 高度处的外墙定位轴线交叉点坐标定位。轴线用细实线表示,并标明轴线号; 根据不同设计阶段标注建筑编号,地上、地下层数,建筑高度,建筑出入口位置(两种表示方法均可,但同一图纸采用一种表示方法); 地下建筑物以粗虚线表示其轮廓; 建筑上部(±0.00 以上)外挑建筑用细实线表示; 建筑物上部连廊用细虚线表示并标注位置
原有建筑物	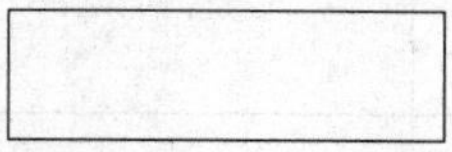	用细实线表示
计划扩建的预留地或建筑物		用中粗虚线表示
拆除的建筑物		用细实线表示

续表

名　称	图　例	说　明
建筑物下面的通道		
铺砌场地		
烟囱		实线为烟囱下部直径,虚线为基础,必要时可注写烟囱高度和上、下口直径
围墙及大门		
挡土墙	5.00 1.5	挡土墙根据不同设计阶段的需要标注 墙顶标高 墙底标高
挡土墙上设围墙		
台阶及无障碍坡道	(1) (2)	(1)表示台阶(级数仅为示意) (2)表示无障碍坡道
坐标	(1) $X=213.00$ $Y=357.00$ (2) $A=185.00$ $B=226.00$	(1)表示地形测量坐标系 (2)表示自设坐标系,坐标数字平行于建筑标注
方格网交叉点标高	-0.50 | 77.85 78.35	"78.35"为原地面标高 "77.85"为设计标高 "-0.50"为施工高度 "$-$"表示挖方("$+$"表示填方)
填挖边坡		
室内地坪标高	151.00 (± 0.00)	数字平行于建筑物书写
室外地坪标高	142.0	室外标高也可采用等高线

名　称	图　例	说　明
盲道		
地下车库入口		机动车停车场
地面露天停车场		

表 13-2　道路与铁路图例(GB/T 50103—2010)

名　称	图　例	说　明
新建的道路		"R=6.00"表示道路转弯半径;"107.50"为道路中心线交叉点设计标高,两种表示方法均可,同一图纸采用一种方式表示;"100.00"为变坡点之间距离;"0.30%"表示道路坡度,→表示坡向
原有道路		
计划扩建的道路		
拆除的道路		
人行道		

表 13-3　园林景观绿化图例(GB/T 50103—2010)

名　称	图　例	说　明
落叶阔叶乔木		
落叶阔叶灌木		
落叶阔叶乔木林		

续表

名　称	图　例	说　明
草　坪	（1） （2） （3）	（1）表示草坪 （2）表示自然草坪 （3）表示人工草坪
竹　丛		
花　卉		

三、标高

总平面图上等高线所标注数字代表的高度为绝对标高,我国将青岛附近黄海的平均海平面定为绝对标高的零点,其他各处的绝对标高就是以该零点为基点所量出的高度,它表示出了各处的地形以及房屋与地形之间的高度关系。在总平面图上房屋的平面图中要标注出底层室内地面的绝对标高,由此根据等高线和底层地面的标高可看出施工时是挖方或是填方。

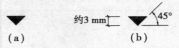

图 13-3　总平面图的标高符号

国标规定总平面图上的室外标高符号,宜用涂黑的三角形"▼"表示,涂黑三角形的具体画法如图 13-3 所示。室内标高符号,以细实线绘制,具体画法如图 13-4 所示。标高尺寸单位为 m,标注到小数点后两位。若将某点的绝对标高定为零点,则记为$\overset{\pm 0.00}{\underline{\triangledown}}$,由此量出的高度叫相对标高,低于该点时,要标上负号,如$\overset{-0.30}{\underline{\triangledown}}$;高于该点时,数字前不标任何符号。

四、房屋的定位

确定建筑物、构筑物在总平面图中的位置可采用坐标网,坐标网分为测量坐标网和建筑坐标网,用细实线画出。

在地形图上,测量坐标网采用与地形图相同的比例,画成交叉十字线形成坐标网络,坐标代号用"X,Y"表示,X 为南北方向轴线,X 的增量在 X 轴线上;Y 为东西方向轴线,Y 的增量在 Y 轴线上。

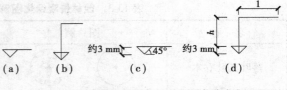

1—注写标高数字的长度,以注写后匀称为准
h—视需要而定

图 13-4　个体建筑的标高符号

当建筑物、构筑物的两个方向与测量坐标网不平行时,可增画一个与房屋两个主向平行的

坐标网,称为建筑坐标网。建筑坐标网画成网络通线,在图中适当位置选一坐标原点,并以"A,B"表示,A 为横轴,B 为纵轴,如图 13-5 所示。

一般确定建筑物、构筑物位置的坐标,宜注其三个角的坐标,如建筑物、构筑物与坐标轴线平行,可注其对角坐标。

总平面图上有测量和建筑两种坐标系统时,应在附注中注明两种坐标系统的换算公式。如无建筑坐标系统时,应标出主要建筑物的轴线与测量坐标轴线的交角。

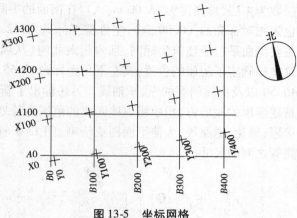

图 13-5 坐标网格

在建筑物不大且数量较少的总平面图中,一般不画坐标网,只要注出新建房屋与邻近现有建筑物间在两个方向的尺寸距离,便可确定其位置。

五、尺寸标注

在总平面图上,应标注出新建房屋的总长、总宽的尺寸,还应标出新建房屋之间、新建房屋与原有房屋之间以及与道路、绿化等之间的距离。尺寸以 m 为单位,标注到小数点后两位。

六、指北针与风玫瑰图

在占地较小的总平面图中,图上房屋的朝向由指北针来表示。国标规定指北针的画法如图 13-6 所示,用细实线绘制圆,其直径为 24 mm,指针尾部的宽度为 3 mm,指针头部应注"北"或"N"字;如用较大直径绘制指北针时,指针尾部宽度宜为直径的 1/8。

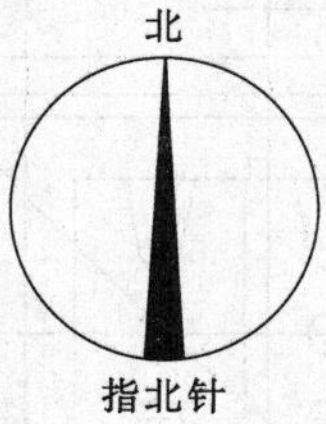

在占地较大的总平面图中,为了总体规划的需要,要画出风向频率玫瑰图,如图 13-7 所示。它是将东西南北划分为 16 个(或 8 个)方位,根据气象统计资料计算出多年在 12 个月或夏季 3 个月内各个方位的刮风次数与刮风总次数之比,定出每个方位的长度,连接各点得一个多边形,其粗实线表示全年的风向,细虚线表示夏季风向,风向由各个方位吹向中心,风向频率最大的方位为该地区的主导风向。由于该图形状像一朵玫瑰花,故叫做风玫瑰图。

图 13-6 指北针

图 13-7 风向频率玫瑰图

图 13-8 是某学校学生宿舍及运动场(部分)的总平面图,从图上看到整个地形从东南方往西北方是逐渐升高的(这从等高线及标高可见)。学生宿舍位于总图的西北方,运动场位于其东南方;两者之间有一条由西南走向东北的公路;公路里侧附近有一较陡的坡度(此处等高线较密),经对其填挖后,形成一较长的边坡,它使宿舍区的地面较为平整,并与公路形成一高差,这使宿舍区更为安静和安全;在边坡上做有 3 处室外台阶,可通向公路和运动场。在边坡左前侧,用粗实线画出了新建的宿舍楼,并在该位置上对原有房屋实施拆除,新建房屋

层数为 4 层,总高度为 15.00 m,入口在南面的中间;底层室内地坪绝对标高为 162.50 m(这点也为相对标高的 ± 0.00 点),室外整平标高为162.05 m,室内外高差为 0.45 m;由于新建房屋主要墙面平行于建筑坐标网,且为正南北向(从风玫瑰图得知),故在新建房屋两对角处用建筑坐标确定了房屋的位置,其左下角坐标为 $A = 65.46$, $B = 7.86$,右上角坐标为 $A = 80.10$, $B = 40.50$ 以及房屋两端的纵、横轴线。另还标出了新建房屋的总长 32.64 m 和总宽 14.64 m;在新建房屋的左后方,用中粗虚线画出的范围为计划扩建的预留地;此外,图中还画出了原有的房屋、绿化、道路等,为使平面图更清晰,图 13-8 省掉了若干尺寸,如新建房屋与原有房屋、道路等之间的尺寸。

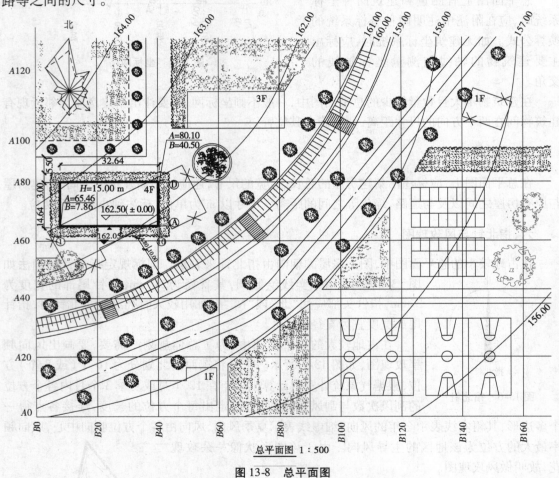

总平面图 1:500

图 13-8　总平面图

第三节　建筑平面图

一、建筑平面图的形成、内容和作用

用一个假想的水平剖切平面经过房屋的门窗洞口把房屋切开,移去剖切平面以上的部分,将其下面部分向 H 面作正投影所得到的水平剖面图,在建筑图中习惯称为平面图,如图 13-9、图 13-10 所示。

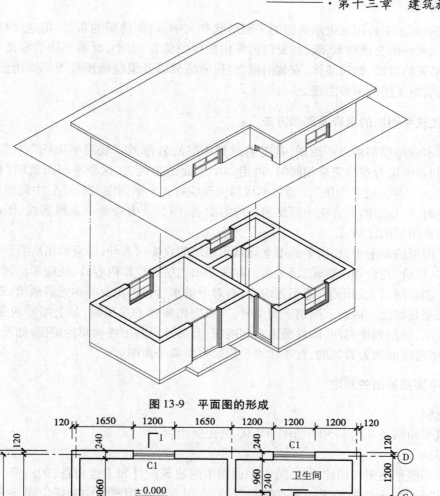

图 13-9 平面图的形成

图 13-10 传达室平面图

平面图 1:50

建筑平面图主要用来表示房屋的平面形状和大小,内部房间的布置、用途、数量,走道、楼梯等上下、内外的交通联系,墙、柱及门窗等构配件的位置、大小,材料和构造做法等。在施工过程中,房屋的放线、砌筑墙体、安装门窗、房屋的装修以及编制概预算等都要用到平面图,平面图是建筑施工图的主要图纸之一。

二、建筑平面图的名称及图示方法

房屋本应每层都画出平面图,其图名就是该层的名称,如"底层平面图"、"二层平面图"等,但中间若干层若布局完全相同时,可用一个平面图来代表,这个平面图就叫"标准层平面图"或叫"×~××层平面图"。通常多层房屋至少有 3 个平面图,即底层、中间层和顶层平面图。标注时,应在图的下方正中标注出相应的图名,图名下方应画一条粗实线,图名右方用小号字标注出图形的比例。

在平面图的表示中,底层平面图上除画出底层的投影内容外,还应画出所看到的与房屋有关的散水、台阶、花台等内容;二层平面图除表示出二层的投影内容外,还应画出过底层门窗洞口的水平剖切面以上的雨篷、遮阳等内容,而对于散水、台阶、花台等则无需画出;依此类推,画以上各层都是如此。而表示屋顶平面图时,当有突出屋面的房屋时,如上屋面的楼梯间,依前述方法表示,即剖到楼梯间,同时画出看到的屋面,另外再画出楼梯间的屋面;如没有突出屋面的房屋,则将屋面视为看到的,直接作水平投影得屋顶平面图。

三、平面图的相关规定

1. 比例

建筑平面图通常用 1:50,1:100,1:200 的比例绘制。

2. 图例

由于房屋平面图所用比例较小,对平面图中的建筑配件和卫生设备,如门窗、楼梯、烟道、通风道、洗脸盆、大便器等无法按真实投影画出,因此就采用国标中的规定图例来表示,如表13-4、表 13-5 所示。

3. 平面图的图线

建筑平面图上,为清晰地表示出视图的内容,需要视其复杂程度和比例,选用不同的线宽和线型。国标规定:被剖切到的主要建筑构造(包括构配件),如承重墙、柱的断面轮廓线,用粗实线(b);被剖切到的次要建筑构造(包括构配件)的轮廓线、建筑构配件的轮廓线、建筑构造详图及建筑构配件详图中的一般轮廓线等用中粗实线($0.7b$)表示;尺寸线、尺寸界线、索引符号、标高符号、引出线、粉刷线、保温层线、地面高差分界线等用中实线($0.5b$)表示;图例填充线、家具线、纹样线等用细实线($0.25b$)表示。建筑构造详图及建筑构配件不可见的轮廓线、拟建、扩建的建筑物轮廓线用中粗虚线($0.7b$)表示;中心线、对称线、定位轴线用细单点长划线($0.25b$)表示。绘制较简单的图样时,可采用粗、细两种线宽的线宽组,其线宽比宜为$b:0.25b$。

4. 平面图的定位轴线及编号

确定房屋中的墙、柱、梁和屋架等主要承重构件位置的基准线,称为定位轴线。它使房屋的平面划分及构件统一趋于简单,是结构计算、施工放线、测量定位的依据,也是尺寸标注中定位尺寸的基准线。

表 13-4　建筑构造及配件图例

名　称	图　例	说　明
墙　体	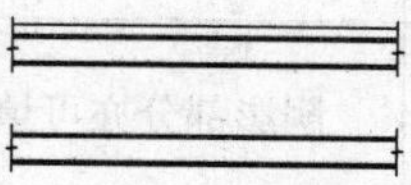	1. 上图为外墙,下图为内墙 2. 外墙细线表示有保温层或有幕墙 3. 应加注文字或涂色或图案填充表示各种材料的墙体 4. 在各层平面图中防火墙宜着重以特殊图案填充表示
隔　断		1. 加注文字或涂色或图案填充表示各种材料的轻质隔断 2. 适用于到顶与不到顶隔断
玻璃幕墙	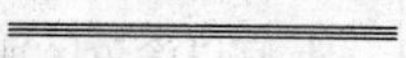	幕墙龙骨是否表示由项目设计决定
栏　杆		
楼　梯	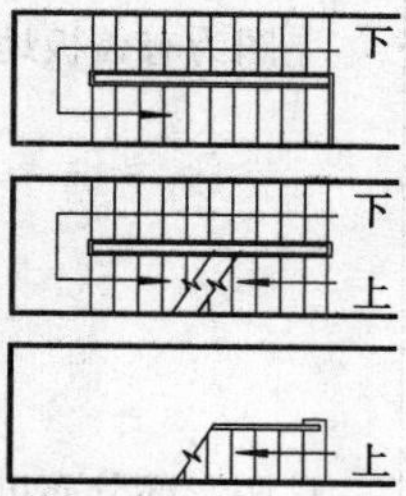	1. 上图为顶层楼梯平面,中图为中间层楼梯平面,下图为底层楼梯平面 2. 需设置靠墙扶手或中间扶手时,应在图中表示
坡　道	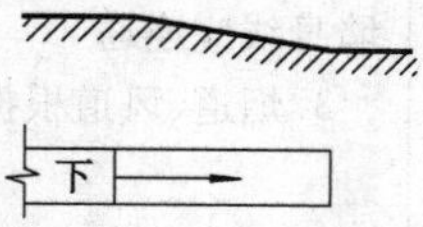	长坡道
坡　道	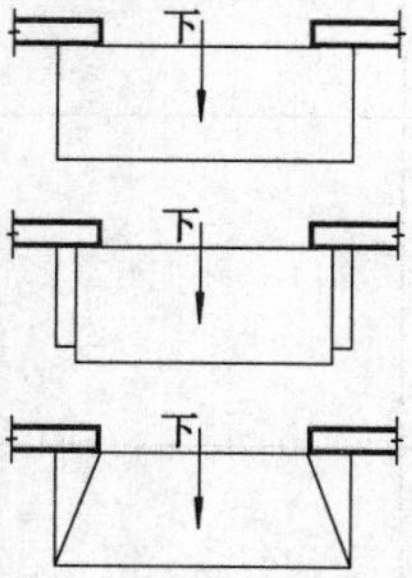	上图为两侧垂直的门口坡道,中图为有挡墙的门口坡道,下图为两侧找坡的门口坡道
台　阶	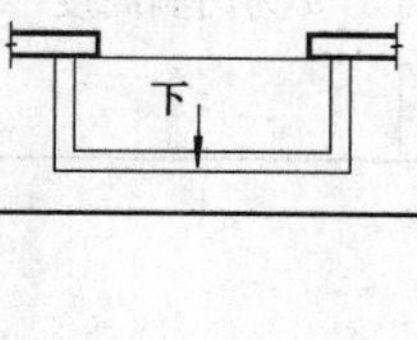	

续表

名　称	图　例	说　明
检查口	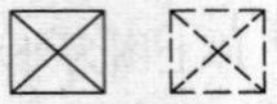	左图为可见检查口 右图为不可见检查口
孔 洞		阴影部分亦可填充灰度或涂色代替
坑 槽	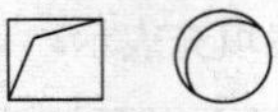	
墙预留洞、槽	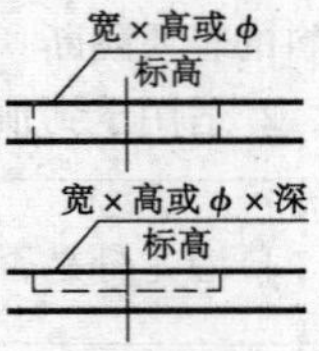 宽×高或φ 标高 宽×高或φ×深 标高	1.上图为预留洞,下图为预留槽 2.平面以洞(槽)中心定位 3.标高以洞(槽)底或中心定位 4.宜以涂色区别墙体和预留洞(槽)
地 沟	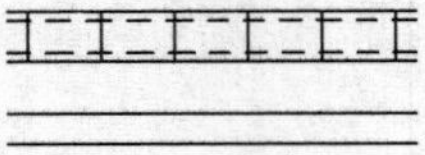	上图为有盖板地沟,下图为无盖板明沟
烟 道	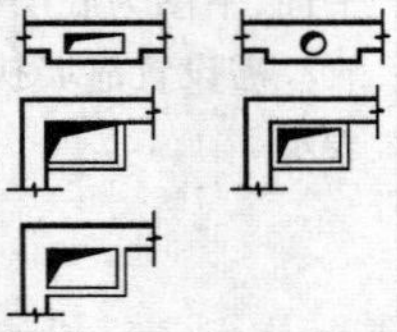	1.阴影部分亦可填充灰度或涂色代替 2.烟道、风道与墙体为相同材料,其相接处墙身线应连通 3.烟道、风道根据需要增加不同材料的内衬
风 道	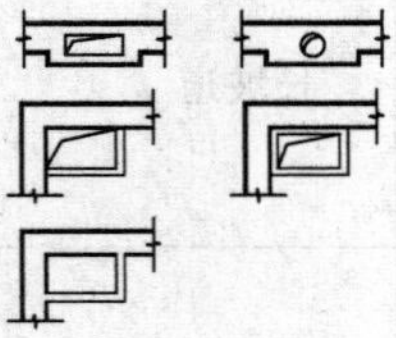	
新建的墙和窗	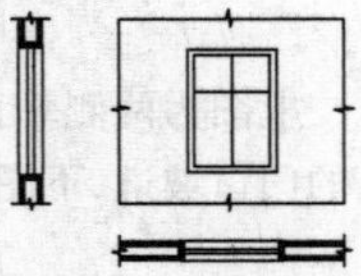	
空门洞	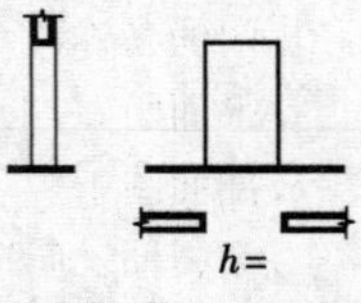 $h=$	h 为门洞高度

名 称	图 例	说 明
单面开启单扇门（包括平开或单面弹簧）		
双面开启单扇门（包括双面平开或双面弹簧）	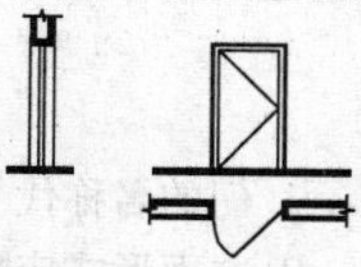	1.门的名称代号用 M 表示 2.平面图中，下为外，上为内，门开启线为90°，60°或45°，开启弧线宜绘出 3.立面图中，开启线实线为外开，虚线为内开。开启线交角的一侧为安装合页一侧。开启线在建筑立面图中可不表示，在立面大样图中可根据需要绘出
双层单扇平开门		
单面开启双扇门（包括平开或单面弹簧）		4.剖面图中，左为外，右为内 5.附加纱扇应以文字说明，在平、立、剖面图中均不表示 6.立面形式应按实际情况绘制
双面开启双扇门（包括双面平开或双面弹簧）		
双层双扇平开门		
折叠门	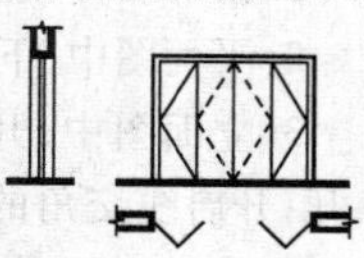	1.门的名称代号用 M 表示 2.平面图中，下为外，上为内 3.立面图中，开启线实线为外开，虚线为内开。开启线交角的一侧为安装合页一侧
推拉折叠门		4.剖面图中，左为外，右为内 5.立面形式应按实际情况绘制
墙洞外单扇推拉门	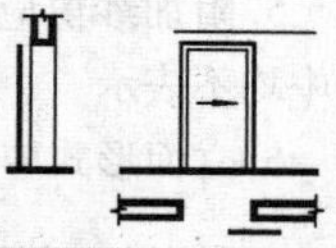	1.门的名称代号用 M 表示 2.平面图中，下为外，上为内 3.剖面图中，左为外，右为内
墙洞外双扇推拉门		4.立面形式应按实际情况绘制

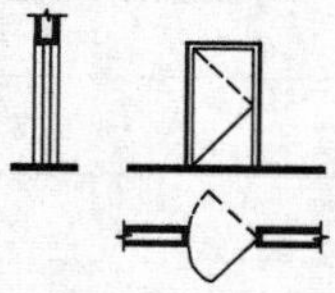

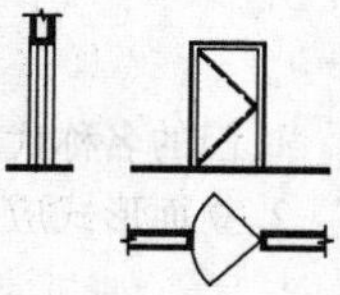

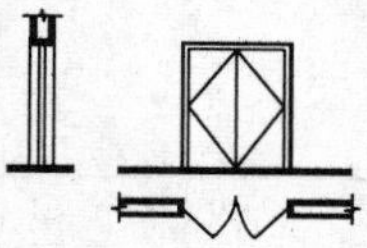

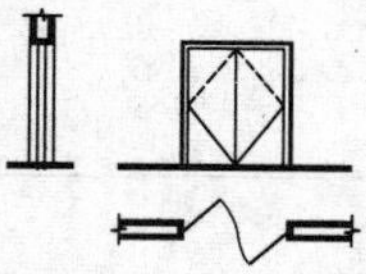

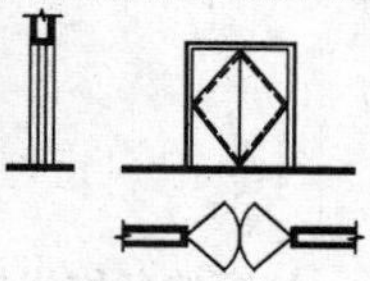

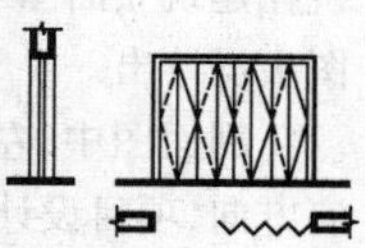

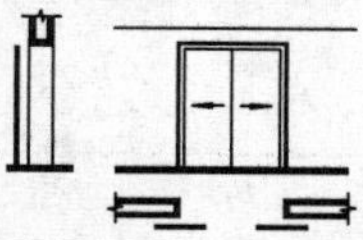

续表

名　称	图　例	说　明
墙中单扇推拉门	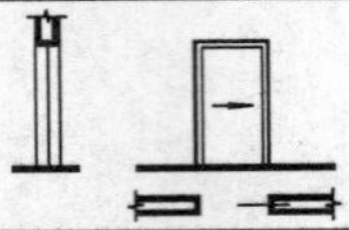	1.门的名称代号用 M 表示 2.立面形式应按实际情况绘制
墙中双扇推拉门	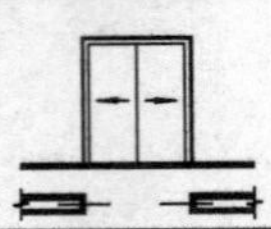	
旋转门	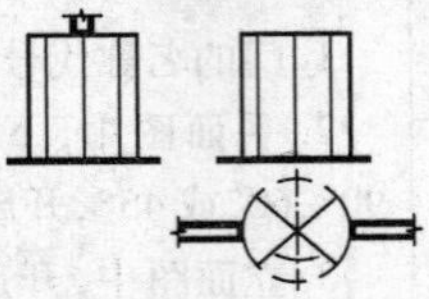	1.门的名称代号用 M 表示 2.立面形式应按实际情况绘制
自动门	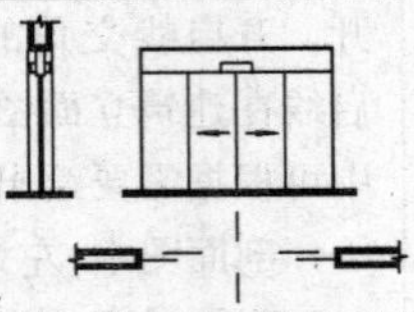	
竖向卷帘门	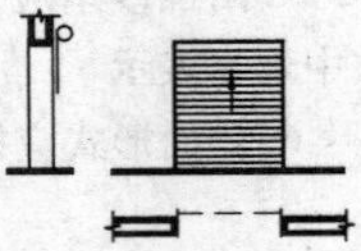	
固定窗	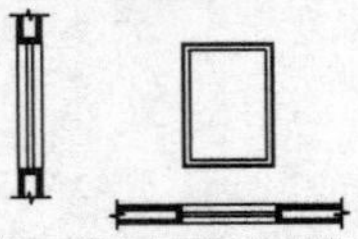	1.窗的名称代号用 C 表示 2.平面图中,下为外,上为内 3.立面图中,开启线实线为外开,虚线为内开;开启线交角的一侧为安装合页一侧;开启线在建筑立面图中可不表示,在门窗立面大样图中需绘出 4.剖面图中,左为外,右为内;虚线仅表示开启方向,项目设计不表示 5.附加纱窗应以文字说明,在平、立、剖图中均不表示 6.立面形式应按实际情况绘制
上悬窗	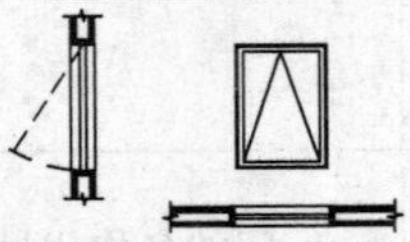	
中悬窗	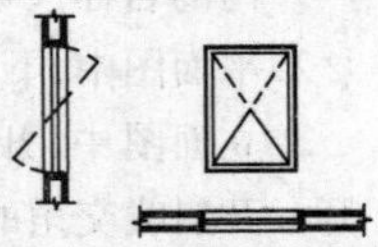	
下悬窗	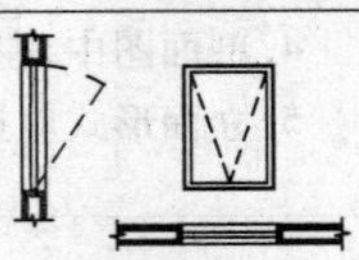	
立转窗	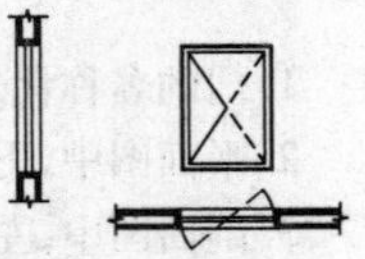	
单层外开平开窗	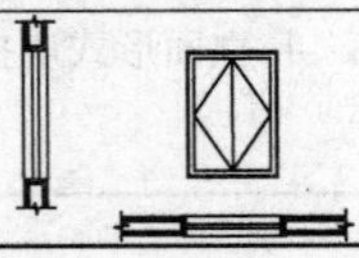	

名　称	图　例	说　明
单层内开平开窗	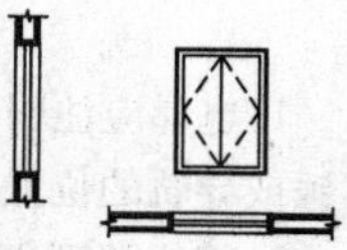	1. 窗的名称代号用 C 表示 2. 平面图中,下为外,上为内 3. 立面图中,开启线实线为外开,虚线为内开;开启线交角的一侧为安装合页一侧;开启线在建筑立面图中可不表示,在门窗立面大样图中需绘出
双层内外开平开窗	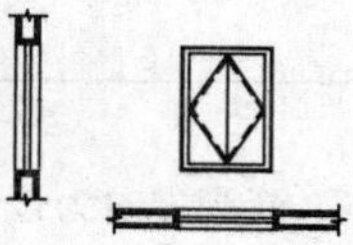	4. 剖面图中,左为外,右为内;虚线仅表示开启方向,项目设计不表示 5. 附加纱窗应以文字说明,在平、立、剖面图中均不表示 6. 立面形式应按实际情况绘制
单层推拉窗		
上推窗	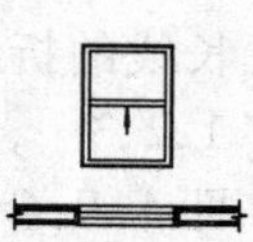	1. 窗的名称代号用 C 表示 2. 立面形式应按实际情况绘制
百叶窗		
高窗	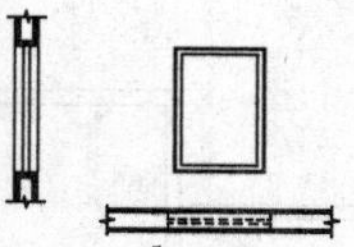 $h=$	1. 窗的名称代号用 C 表示 2. 立面图中,开启线实线为外开,虚线为内开;开启线交角的一侧为安装合页一侧;开启线在建筑立面图中可不表示,在门窗立面大样图中需绘出 3. 剖面图中,左为外,右为内 4. 立面形式应按实际情况绘制 5. h 表示高窗底距本层地面高度 6. 高窗开启方式参考其他窗型

表 13-5　水平及垂直运输装置图例

名　称	图　例	说　明
电　梯		1.电梯应注明类型,并按实际绘出门和平衡锤或导轨的位置 2.其他类型电梯应参照本图例按实际情况绘制
杂物梯、食梯		
自动扶梯		箭头方向为设计运行方向

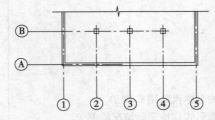

图 13-11　定位轴线的编号顺序

房屋施工图中,对承重构件要画出定位轴线并进行编号。国标规定:定位轴线应用细单点长划线绘制;定位轴线的编号应注写在轴线端部的圆内,圆用细实线绘制,直径为 8～10 mm。定位轴线圆的圆心应在定位轴线的延长线上或延长线的折线上。编号规定为:横向编号应用阿拉伯数字 $1,2,3\cdots$,从左至右顺序编写,竖向编号应用大写拉丁字母 $A,B,C\cdots$,从下至上顺序编写,但拉丁字母中的 I,O,Z 不得用于轴线编号,以免与数字 $1,0,2$ 相混淆,如图 13-11 所示。如字母数量不够使用,可增用双字母或单字母加数字注脚,如 $A_A,B_A,\cdots,Y_A$ 或 $A_1,B_1,\cdots,Y_1$。

当房屋平面形状较复杂时,为使标注和看图简单、直观,可将定位轴线采取分区编号,如图 13-12 所示。编号的注写形式为"分区号-该分区编号"。分区号采用阿拉伯数字或大写拉丁字母表示。

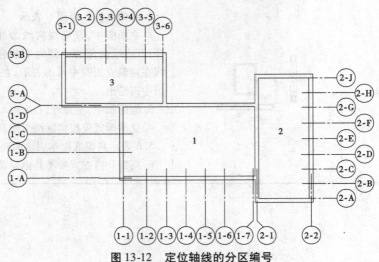

图 13-12　定位轴线的分区编号

若房屋平面形状为折线形,定位轴线可按图13-13的形式编写。

若房屋平面形状为圆形或圆弧形平面,定位轴线其径向应以角度进行定位,其编号宜用阿拉伯数字表示,从左下角或 -90°(若径向轴线很密,角度间隔很小)开始,按逆时针顺序编写;其环向轴线宜用大写拉丁字母表示,从外向内顺序编写,如图13-14所示。

对某些非承重构件和次要的局部承重构件等,其定位轴线一般作为附加轴线。附加轴线的编号用分数形式表示,两根轴线之间的附加轴线,以分母表示前一轴线的编号,分子表示附加线的编号,附加线的编号宜用阿拉伯数字顺序编写,如图13-15中(c)、(d)所示。1号轴线或A号轴线前附加的轴线,分母应以01,0A表示,如图13-15中(e)、(f)所示。

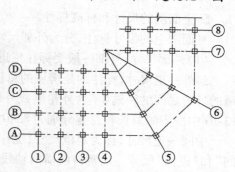

图 13-13　折线形平面定位轴线的编号

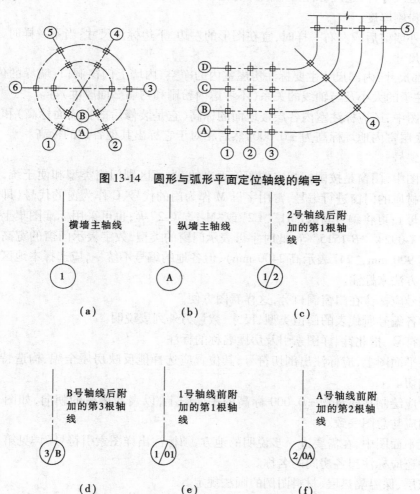

图 13-14　圆形与弧形平面定位轴线的编号

横墙主轴线　　　　　　纵墙主轴线　　　　　　2号轴线后附加的第1根轴线

　　(1)　　　　　　　　(A)　　　　　　　　(1/2)

　(a)　　　　　　　　(b)　　　　　　　　(c)

B号轴线后附加的第3根轴线　　1号轴线前附加的第1根轴线　　A号轴线前附加的第2根轴线

　(3/B)　　　　　　　(1/01)　　　　　　(2/0A)

　(d)　　　　　　　　(e)　　　　　　　　(f)

图 13-15　附加轴线的编号

5. 平面图的尺寸和标高标注

平面图上的尺寸标注,分为外部尺寸和内部尺寸的标注。

(1)外部尺寸:外部一般要标注三道尺寸。

最外一道尺寸,标注的是房屋的总长和总宽,它是指从房屋的一端外墙的外边到另一端外墙的外边之间的距离(不含外粉刷或外墙贴面的厚度),称为总尺寸,也称为外包尺寸。如图13-10 中房屋的总长和总宽分别为 8340 mm 和5040 mm。

中间一道尺寸,称为定位尺寸,也称为轴线尺寸,即标注的是两轴线间的距离,可称为"开间"和"进深"尺寸。通常将两横向轴线间的尺寸称为开间尺寸,两纵向轴线间的尺寸称为进深尺寸。如图 13-10 中,传达室的开间尺寸为①、②轴线间的距离 4500 mm;进深尺寸为Ⓑ、Ⓓ轴线间的距离 3300 mm。

最里边一道尺寸,标注的是外墙上门窗洞口、墙段、柱等细部的位置和大小的尺寸,称为细部尺寸,还标注其与轴线相关的尺寸。

除这三道尺寸外,还应标注外墙以外的花台、台阶、散水等尺寸,这些叫局部尺寸。以上尺寸均不包括粉刷厚度。

当房屋外墙前后或左右一样时,宜在图形的左边、下边标注尺寸;当不一样时,则在图形的各边都标注尺寸。

(2)内部尺寸:内部尺寸主要标注房屋室内的净空、内墙上门窗洞口、墙垛的位置和大小、内墙厚度、柱子的大小及与轴线的关系(不考虑内粉刷和内墙贴面厚度)等。

在平面图中,还应标注室内各层楼地面的标高(它是装修后的完成面标高)和室外地坪标高,一般以底层室内地坪标高为 ±0.000,然后相对于它标出其他各层的标高。

6. 门窗编号

在平面图中,门窗是按国标规定的图例画出的,为了区别门窗类型和便于统计,应将不同大小、型式、材质的门窗进行编号,常用字母 M 作为门的代号,C 作为窗的代号(即为汉语拼音的第一个字母);可将编号写成"M1""C2"或"M-1""C-2"等;也可采用标准图集上的门窗代号来编注,如"X-0924""B-1515"等,此时字母表示门窗的类型,数字表示门窗的宽高(如 0924 "09"表示宽 900 mm,"24"表示高 2400 mm),但各地的编号不统一,应选择本地区的门窗标准图中的编号方法来标注。

门窗编号应标注在门窗洞口旁,这样看图方便。

对图中各编号所代表的门窗类型、尺寸、数量另外列表说明。

7. 剖切符号、指北针、详图索引及房屋名称的标注

在底层平面图上,应标注出剖切符号,其位置应选择能反映房屋全貌、构造特征及有代表性的部位剖切。

指北针应绘制在建筑物 ±0.000 标高的平面图上,以表示房屋的朝向,如图 13-10 所示。所指的方向应与总图一致。

在建筑平面图中,在需要进一步说明的地方,须标注出详图索引符号(详见第七节)。

在图中还应标注出各房间的名称。

8. 抹灰层、保温隔热层、材料图例的画法规定

在平面图中,对抹灰层、保温隔热层和材料图例根据不同的比例采用不同的画法:当比例大于 1:50 时,应画出抹灰层、保温隔热层等面层线,并宜画出材料图例;当比例等于 1:50 时,

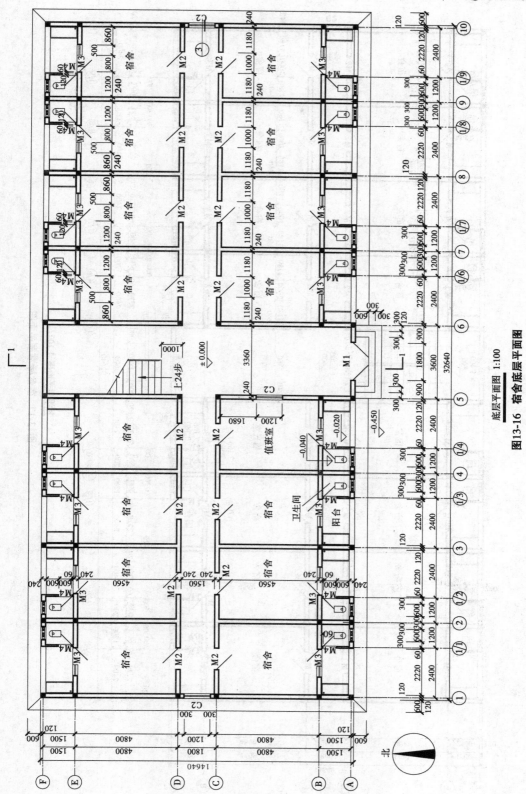

底层平面图 1:100

图13-16 宿舍底层平面图

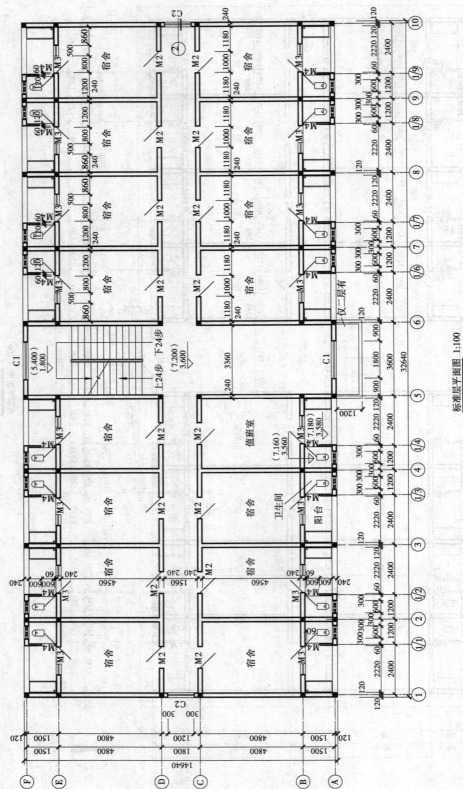

图13-17 宿舍标准层平面图

标准层平面图 1:100

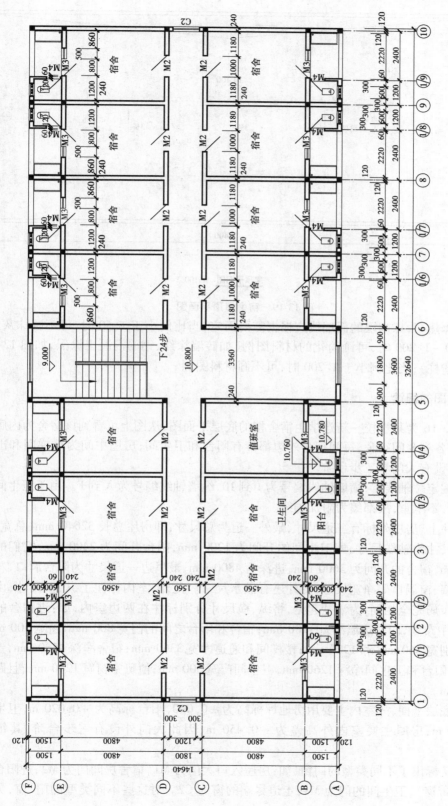

顶层平面图 1:100

图13-18 宿舍顶层平面图

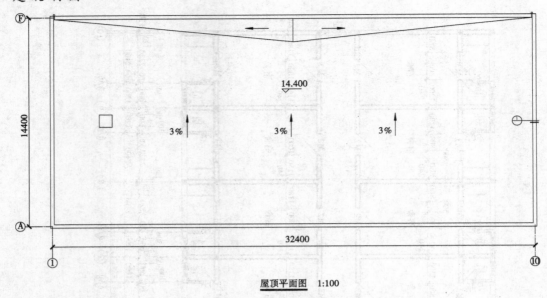

屋顶平面图　1:100

图 13-19　宿舍屋顶平面图

宜绘出保温隔热层,抹灰层的面层线应根据需要而定;当比例小于 1:50 时,可不画抹灰层;当比例为 1:100～1:200 时,可画简化的材料图例(如砖墙涂红、钢筋混凝土涂黑,如图 13-16 钢筋混凝土构造柱);当比例小于 1:200 时,可不画材料图例。

四、平面图的阅读

(1)图 13-16 为某学校一新建学生宿舍楼的底层平面图,从图上可看到该宿舍为内廊式布局,廊子两边各有 8 间宿舍,每间宿舍外边都带有阳台和卫生间;房屋中间为楼梯间和出入通道,通道外边设有大门和三步台阶。

从其所编定位轴线看,横墙轴线编号为 1 到 10,纵墙轴线编号为 A 到 F。由于卫生间的横墙都为 12 墙,不承重,故都编为附加轴线。

尺寸标注上,房屋外标有三道尺寸,最外一道为总尺寸,即房屋总长 32640 mm、总宽14640 mm;第二道尺寸为轴线尺寸,即卫生间的开间为 1200 mm,阳台开间为 2400 mm,它们的进深都为 1500 mm,宿舍的开间为 3600 mm,进深为 4800 mm;最里边一道尺寸为阳台洞口、花格洞口、墙段、隔墙、窗洞口等净宽尺寸;另外还有散水尺寸。此外,室内标注了纵、横尺寸,由于左右两边房间布局完全相同,为清楚起见,将纵、横尺寸分别标注在两边室内,如:进宿舍的门宽1000 mm,居中布置,门两边墙净宽 1180 mm;宿舍和阳台之间的门宽 800 mm、窗宽 500 mm;其两边的墙分别宽 860 mm 和 1200 mm;楼梯间和通道净宽 3360 mm;宿舍净深 4560 mm,走道净深 1560 mm,阳台和卫生间净深 1260 mm,卫生间门宽 600 mm;值班室窗宽 1200 mm,且距内墙净长 1680 mm。

由于是底层平面,故室内主要用房地坪标高为 ±0.000,阳台标高为 −0.020 m,卫生间标高为 −0.040 m;房屋主要室内外高差为 −0.450 m,因此大门外设有三步台阶,其每步高150 mm。

房屋中还标出了不同类型的门窗,如:房屋入口大门为 M1,宿舍房间门为 M2,进阳台的门为 M3(为门带窗),卫生间的门为 M4,走道尽端的窗为 C2。对这些不同类型的门、窗,另列表说明。

　　另外,底层平面图上还画出了 1—1 剖面符号和指北针,标出了楼梯到上一层的步数 24 步。

　　(2)图 13-17 为标准层平面图,因为二、三层完全相同,故将它们合为一张图来表示。为了表示出该图代表的层数,仅在标注标高时,将其各层标高标出,如楼梯中间平台处标高为 $\overline{\frac{(5.400)}{1.800}}$,楼层标高为 $\overline{\frac{(7.200)}{3.600}}$,括号内标高为该图所代表的其他层的标高。另外,还可看出,除了传达室、楼梯、雨篷与底层不同以及不需画出散水、勒脚与室外踏步外,其余均与底层相同。

　　(3)图 13-18 为顶层平面图,它主要是楼梯与其他层不同,因楼梯只下不上,故不需画出折断线,但还要画出平台栏杆。

　　(4)图 13-19 为宿舍的屋顶平面图,从图上看到,屋顶为平屋顶,单坡排水,排水坡度为 3%,女儿墙后边两端设有两个雨水口和落水管,还设有一个上人屋孔。屋顶平面图中,由于只有看到的,没有剖到的,故都画成细实线。由于屋顶平面图较简单,所以可只标两端轴线和尺寸,比例也可缩小一些。

第四节　建筑立面图

一、立面图的形成、名称及图示方法

　　将房屋的各外墙面分别向与其平行的投影面进行投影,所得到的投影图叫立面图,如图 13-20 所示。

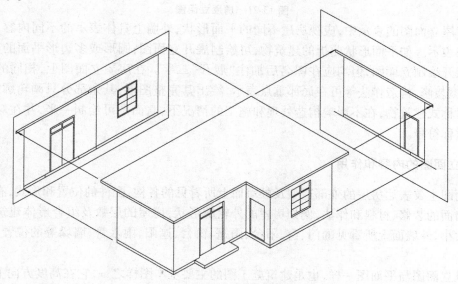

图 13-20　立面图的形成

　　立面图的名称,国标规定:有定位轴线的建筑物,宜根据两端定位轴线号编注立面图名称,如①—③立面图,ⓒ—ⓐ立面图等,如图 13-21 所示。立面图反映了房屋的外貌特征,通常将反映房屋主要出入口或较显著地反映房屋特征的那个立面图,作为正立面图。有的就以此为

准将其他立面图称为左侧立面图、右侧立面图等；也有用房屋外墙面的朝向来命名，如东立面图、西立面图、南立面图、北立面图等。

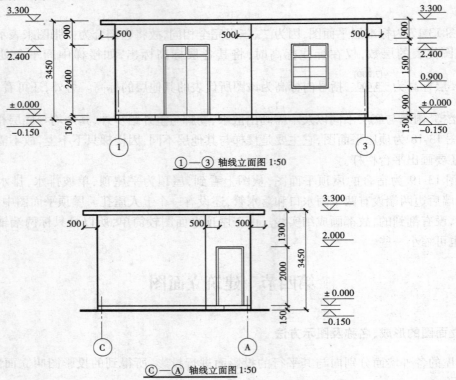

图 13-21 房屋立面图

在房屋立面图的表示中，应视房屋不同的平面形状、外墙上具体表示的不同内容，用不同的方法来表示。如平面形状曲折的建筑物，可绘制展开立面图；圆形或多边形平面的建筑物，可分段展开绘制立面图，但均应在图名后加注"展开"二字。在房屋立面图上，相同的门、窗、阳台、外檐装修、构造作法等可在局部重点表示，绘出其完整图形，其余部分只画轮廓线；对较简单的对称式建筑物，在不影响构造处理和施工的情况下，立面图可绘制一半，并在对称轴线处画出对称符号。

二、立面图的内容和作用

立面图主要表达房屋的外部造型及外墙面上所看见的各构、配件的位置和形式，有的还表达了外墙面的装修、材料和作法，例如房屋的外轮廓形状，房屋的层数及组合形体建筑各部分体量的大小，外墙面上所看见的门、窗、阳台、雨篷、窗台、遮阳、雨水管、墙垛等的位置、形状和大小等。

建筑立面图与平面图一样，也是建筑施工图的主要基本图样之一，它在高度方向上反映了建筑的外貌、各部分的大小及装修作法，它是评价建筑的依据，也是编制概预算及进行施工的依据。

三、立面图的相关规定

1. 比例

建筑立面图的比例通常采用1∶50,1∶100,1∶200,一般与建筑平面图相同。

2. 图线

为了使房屋各组成部分在立面图中重点突出、层次分明、增加图面效果,应采用不同的线型。通常用粗实线(b)表示图形的最外轮廓线;用特粗线表示地坪线,特粗线为粗实线的1.4倍;构配件的轮廓线如勒脚、阳台、雨篷、柱子等用中粗实线($0.7b$)表示;装饰线脚、墙面分格线、标高符号和引出线等用中实线($0.5b$)表示;图例填充线、家具线、纹样线等用细实线($0.25b$)表示。

3. 图例

由于立面图的比例较小,所以门窗的形式、开启方向等均应按国标规定的图例画出,如表13-4所示。

4. 尺寸标注

在立面图的竖直方向上,一般要标注三道尺寸。最里边一道为细部尺寸,标注的是外墙上的室内外高差、窗台、门窗洞口、窗下墙、檐口、墙顶等细部尺寸;第二道标注的是定位尺寸,亦即层高尺寸;最外一道标注的是总高尺寸。这三道尺寸在立面图中是绝对尺寸。此外,还应在室内外地坪、台阶顶面、窗洞上下口、雨篷下口、层高、屋顶等处标出标高即相对尺寸,标高有建筑标高和结构标高之分,当标注构件的上顶面标高时,应标注建筑标高,即包括粉刷层在内的完成面标高,如女儿墙顶面;当标注构件下底面标高时,应标注结构标高,即不包括粉刷层的结构底面,如雨篷;门窗洞口尺寸均不包括粉刷层。

在立面图的水平方向上一般不标注尺寸。

5. 其他标注

立面图上需标注出房屋左右两端墙(柱)的定位轴线及编号;在图的下方应标注出图名、比例;在立面图上适当的位置可用文字标注出其装修(也可不标注,另外单独在装修表中说明)。

四、立面图的阅读

(1)如图13-22所示为一新建学生宿舍的正立面图,从图上可看到宿舍层数为4层,一层中间为大门,大门下面有3步台阶,大门上面有一雨篷;中间其余3层皆为大窗;其他所看到的都是阳台及里边的门带窗和外墙上的花格。

在房屋左边标注有三道尺寸。最里边一道为细部尺寸,它表示了室内外高差(450 mm)、阳台洞口高(2200 mm)、洞口之间的墙体高度(1400 mm)以及女儿墙的高度(600 mm);中间一道为层高尺寸,都为3600 mm;最外一道为总高尺寸,即15000 mm。

在该图上还标明了外墙面的装修材料,外墙大面和雨篷外面用浅灰色面砖贴面,白色水泥浆勾缝(墙面分格缝),花格外面白色涂料二度。

在房屋左右两端标出了轴线①、⑩,利用轴线标注出了图名,还注明了绘图比例为1∶100。

(2)图13-23为宿舍的侧立面图,它反映了房屋山墙面的外形及墙面上所开窗的形式和位置,还反映了雨篷、室外台阶、雨水管、装修材料等。其尺寸、标高同正立面图。

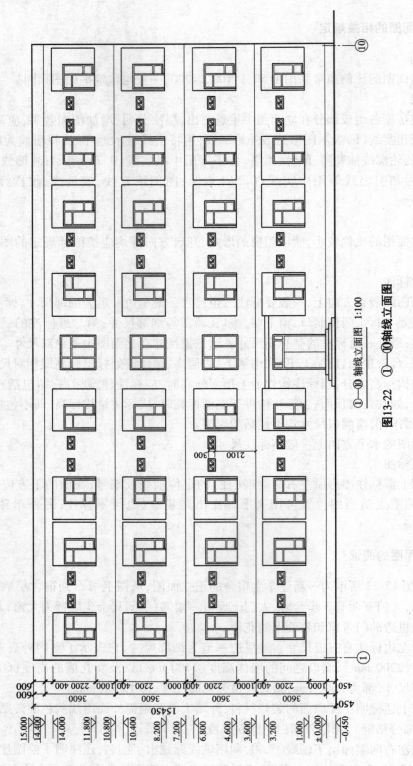

图13-22 ①—⑩轴线立面图 ①—⑩轴线立面图 1:100

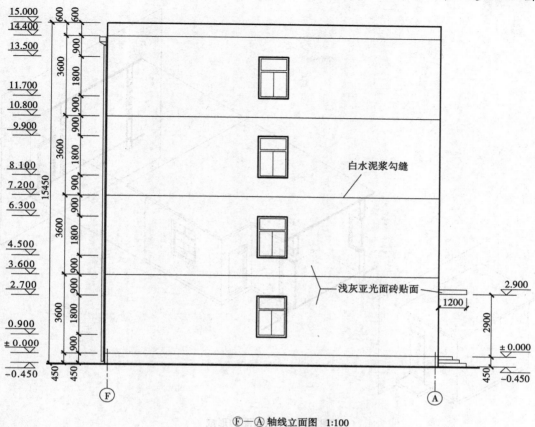

Ⓕ—Ⓐ 轴线立面图 1:100

图 13-23 Ⓕ—Ⓐ轴线立面图

第五节 建筑剖面图

一、建筑剖面图的形成、名称及图示方法

用一个假想的平行于房屋某一外墙轴线的铅垂剖切平面,从上到下将房屋剖切开,将需要留下的部分向与剖切平面平行的投影面作正投影,由此得到的图称为建筑剖面图,如图 13-24 所示。

在房屋底层平面图上标注有剖切符号及编号,所以剖面图的名称就以其编号来命名,如 1—1 剖面图、2—2 剖面图等。

房屋剖面图中房屋被剖切到的部分应完整、清楚地表达出来,自剖切位置向剖视方向看,将所看到的都画出来,不论其距离远近都不能漏画。

在房屋自上而下被剖切开后,地面以下的基础理应也被剖到,但基础属于结构施工图的内容,在建筑剖面图中不画出,被剖到的墙在地面以下适当的位置用折断线折断,室内其余地方用一条地坪线表示即可。

·163·

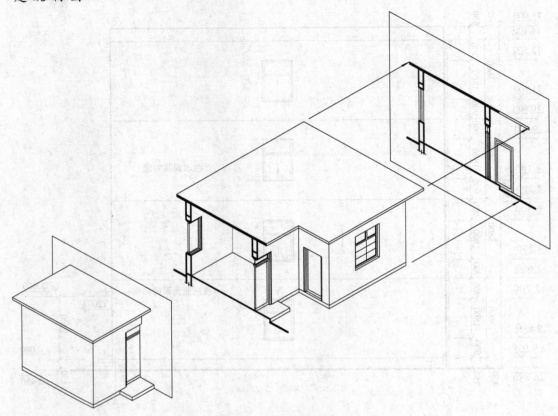

图 13-24　剖面图的形成

二、剖切平面的位置及剖视方向

剖面图的剖切位置用剖切符号标注在房屋 ±0.000 标高的平面图上。一般剖切部位应根据图纸的用途或设计深度,在平面图上选择能反映房屋全貌、构造特征以及有代表性的部位剖切,例如让剖切平面通过门窗洞口、楼梯间以及结构和构造较复杂或有变化的部位。当一个剖切平面不能满足要求时,可采用多个剖切平面,如图 13-10 所示。

看剖面图应与平面图和立面图对照起来看。剖面图的剖视方向宜向左、向上。

三、剖面图的内容和作用

剖面图主要表示房屋内部在高度方向上的结构和构造,如表示房屋内部沿高度方向的分层情况、层高、门窗洞口的高度、各部位的构造形式等,是与房屋平面图、立面图相互配合的不可缺少的基本图样之一。

四、剖面图的相关规定

1. 比例

剖面图的比例一般与平面图、立面图的比例相同,即采用 1:50,1:100 和1:200。

不同比例的剖面图,其抹灰层的面层线和材料图例的画法与在平面图中的规定相同。

2. 图线

在剖面图中,地坪线用特粗实线($1.4b$),被剖切的主要建筑构造(包括构配件),如墙身、屋面板、楼板、过梁等轮廓线用粗实线(b);被剖切的次要建筑构造(包括构配件)的轮廓线及可见的建筑构配件的轮廓线用中粗实线($0.7b$)。

绘制较简单的剖面图时,可采用两种线宽的线宽组,即被剖切的主要建筑构配件的轮廓线用粗实线(b),其余一律用细实线($0.25b$),如图 13-25 所示。

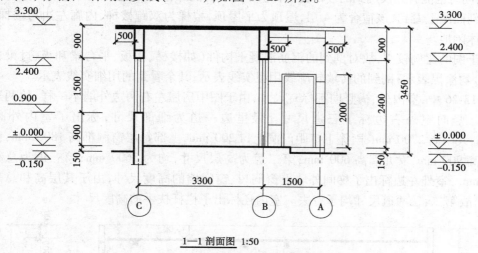

1—1 剖面图 1:50

图 13-25 传达室剖面图

3. 尺寸标注

剖面图上应在竖直方向和水平方向都标注出尺寸。尺寸分为细部尺寸、定位尺寸和总尺寸,应根据设计深度和图纸的用途确定所需注写的尺寸。

(1)竖直方向。在外墙上一般应注出三道尺寸。最里边一道为细部尺寸,主要标注勒脚、窗下墙、门窗洞口等外墙上的细部构造的高度尺寸;中间一道为层高尺寸,主要标注楼地面之间的高度,这一道亦为定位尺寸;最外一道为总高尺寸,标注室外地坪至屋顶的距离。

此外,还需标注出室内外标高。建筑剖面图上,标高所注的高度位置应与立面图一样,而且也分建筑标高和结构标高。在室外,应标出室外地坪、台阶、阳台、窗台、门窗洞上口、檐口、女儿墙等处的完成面标高。

如房屋两侧外墙不一样,应分别标注尺寸和标高;如外墙外面还有花台之类的构造,则还需标出其局部尺寸。

在室内,应标出室内地坪、各层楼面、楼梯休息平台、平台梁和大梁的底部、顶棚等处的标高及相应的尺寸,还要标注出室内门窗、楼梯扶手等处的高度尺寸。

(2)水平方向。水平方向应标注出剖到的墙或柱之间的轴线、尺寸及两端墙或柱的总尺寸。

4. 其他标注

剖面图上应标注出剖到的墙或柱的轴线及编号,并在图的下方写出图名和比例,还应根据需要对房屋某些细部(如外墙身、楼梯、门窗、楼屋面、卫生间等)构造作法需放大画成详图的地方标注上详图索引符号;在剖面图中可用多层构造引出线逐层配以文字说明各部的装修做法,也可另列表说明。

五、剖面图的阅读

如图 13-26 所示为某学生宿舍的 1—1 剖面图,该图的剖切位置及投射方向在其底层平面图上注出(见图 13-16)。1—1 剖切平面剖到了房屋入口处室外的三步台阶,大门及上边的雨篷,两边的外墙,门窗洞口上边的过梁,每层的一个梯段及平台,室内外地坪,楼,屋面板及屋面板下的圈梁等;同时也能看到没剖到的楼段及栏杆扶手、门、窗洞外轮廓、内走廊及尽端的窗等。

从剖面图上看到,该宿舍为 4 层,屋顶为平屋顶,楼梯为双跑楼梯,内廊左边为楼梯间,右边为一休闲地。

由于图的比例较小,故对剖到的钢筋混凝土构件(如楼梯、楼板、平台梁和板、过梁、圈梁、雨篷等)均涂黑表示;剖到的砖墙轮廓线用粗实线表示;其余看到的用细实线表示。

图 13-26 中,室内外、横竖向都标有尺寸,由于图中房屋左右两边外墙不一样,故两边都标注尺寸。竖向室外右边标了三道尺寸。最里边一道为细部尺寸,标出了室内外高差为450 mm、大门高 2700 mm、雨篷下口距门洞上口 200 mm,上部每层窗洞都高 1800 mm,窗的上下墙都高 900 mm,女儿墙高 600 mm;第二道为高层尺寸,均为 3600 mm;第三道为总高尺寸15450 mm。室外左边标出了梯间外墙上窗洞口、窗间墙的高度尺寸,由于其层高和总高与右边一样,故第二、三两道尺寸均予省去。室内还标出了栏杆扶手的高度尺寸。

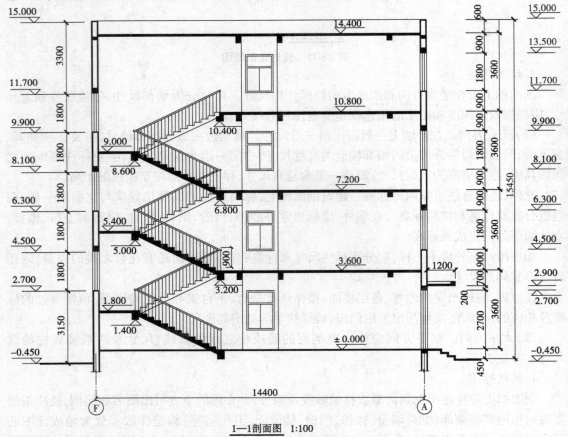

1—1剖面图 1:100

图 13-26 1—1 剖面图

室内外均标出了标高,室外标出了其地坪、外墙上雨篷、门窗洞上下口及屋顶的标高,室内标出了每层的标高,楼梯中间平台及平台梁下底的标高。水平方向上标出了一道轴线尺寸。另外,还标出了轴线及编号、图名和比例。

第六节 建筑平、立、剖面图的读图和绘制步骤

一、建筑平、立、剖面图的读图步骤

一套房屋施工图,有很多张图纸,读图时应按先总体后局部再细部、先大后小的顺序进行。先看施工图的首页,一般在首页上有图纸目录和总说明,其中包括装修、施工等方面的要求及有关的技术经济指标,这样能对房屋有一个大概的了解;有的较简单的建筑没有首页图,但也要先看说明或将全套图纸看一遍,有一个大概的印象,然后再按"建施""结施""设施"的顺序逐张进行阅读;看"建施"图时,先看总平面图,了解房屋所在地的地形及周围的环境,再看建筑平、立、剖面图及详图。总平面及房屋平、立、剖面图各自的阅读前面已举例说明,在此从略。

二、建筑平、立、剖面图的绘制步骤

绘制建筑平、立、剖面图是一种技能,它是在初步掌握了建筑平、立、剖面图的内容、图示方法和尺寸标注基础上,通过必需的绘图实践,才能熟练绘制建筑平、立、剖面图。在绘图过程中,要始终保持认真仔细、高度负责的工作作风,做到投影正确、表达清楚、尺寸齐全、字体工整、图样布置紧凑合理、图面整洁,完全满足施工的需要。

绘制建筑平、立、剖面图有一定的步骤:首先应根据图样的内容选择适当的比例,比例过大过小都不好;其次进行布图,若房屋较小,平、立、剖面图画在一张图上时,应按投影关系排列,并且两图样及尺寸之间和它们与图框线之间的距离应恰当,使整张图上的图样及尺寸布置均匀,不松不紧;若房屋较大,其平、立、剖面图在一张图纸上画不下时,可分散在多张图纸上画。一张图纸上的空白不能留得太多,当空白较多时,可将不同内容的图样进行组合以减少空白。画图时,应先用较轻淡的铅笔线画底线,顺序是从大到小,从整体到局部,先平面后立、剖面,逐渐深入;画好底线后,仔细检查有无错误,最后按图线要求进行铅笔加深或上墨。加深或上墨时,习惯顺序是:同一线型的线条相继绘制,先从上到下画水平线,后从左到右画铅直线或斜线;先画图,后注写尺寸和文字。

下面以前面所示传达室的平、立、剖面图为例,说明其画法和步骤。

1. 平面图的绘制步骤(图 13-27)

(1)画出墙(柱)的定位轴线。

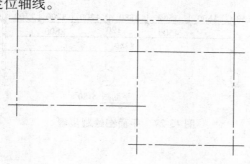

（2）画出墙厚（柱断面），定出门窗位置。

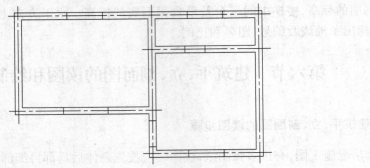

（3）画出台阶、门、窗、楼梯、固定设备（本图无楼梯、固定设备）等细部。经检查无误后按规定要求加深图线。

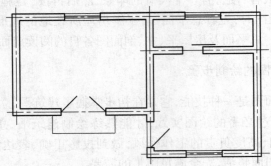

（4）画出尺寸线、标高符号、轴线圆圈、剖切符号和指北针等，最后注写尺寸数字、门窗编号和文字说明等。

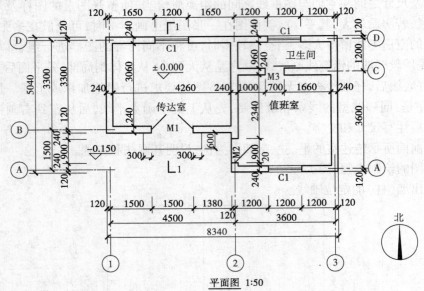

平面图 1:50

图 13-27　平面图绘制步骤

2.立面图的绘制步骤(图 13-28)

(1)画出室外地坪线,按投影关系(长对正),依据平面图房屋外墙上的各部尺寸画出正立面图上房屋的外墙(柱)轮廓线,门、窗的位置线,然后依据它们的高度画出屋面板和门、窗轮廓线,再按投影关系(高平齐、宽相等)通过平面图和正立面图画出侧立面图。

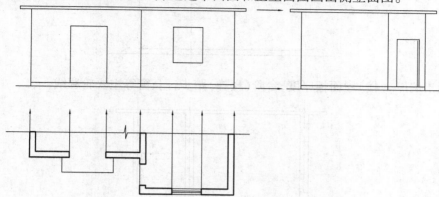

(2)画出勒脚、台阶、门窗分格线等细部。

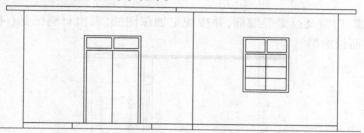

(3)按规定加粗图线,标注尺寸、标高和轴线,书写文字。

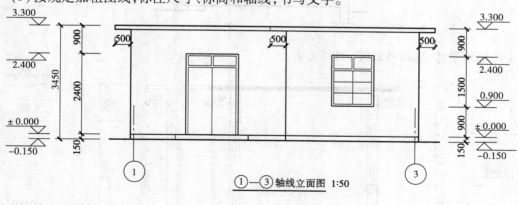

① —— ③轴线立面图 1:50

图 13-28 立面图的绘制步骤

3.剖面图的画图步骤(图 13-29)

(1)画出室内外地坪线,墙身轴线,楼、屋面、楼梯平台面(本图没有楼面和楼梯)等处标高控制线。

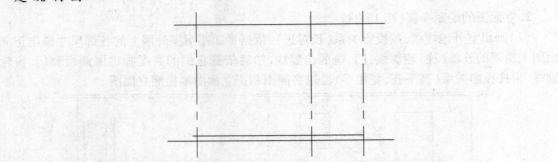

（2）画出墙厚，（楼）屋面板厚度，台阶（楼梯）踏步，门、窗等主要轮廓线。

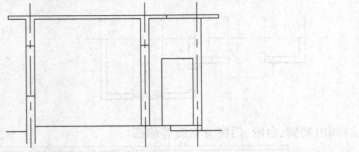

（3）画出踢脚、门窗及过梁等细部，并按规定加深图线，画出材料图例（本图比例较小，故将钢筋混凝土屋面板涂黑）。

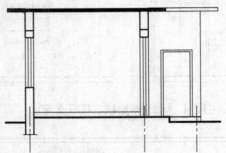

（4）标注尺寸、标高和轴线，书写文字。

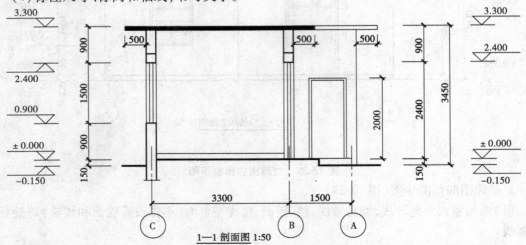

1—1 剖面图 1:50

图 13-29　剖面图的绘制步骤

第七节 建筑详图

在建筑平、立、剖面图中,由于采用的比例较小,对房屋许多细部(如外墙、明沟、泛水、楼地面层等)和构、配件(如门窗、栏杆扶手、阳台、各种装饰等)的构造、尺寸、材料、做法等都无法表示清楚,因此,为了施工需要,常将房屋有固定设备的地方或有特殊装修的地方或建筑平、立、剖面图上表达不出来的地方等用较大的比例绘制出图样,这些图样称为建筑详图。

建筑详图可以是平、立、剖面图中某一局部的放大图,也可以是某一断面、某一建筑节点或某一构件的放大图。常用的详图有:外墙身详图,楼梯间详图,卫生间、厨房详图,门窗详图,阳台,雨篷等详图。

详图的特点是比例大、尺寸标注齐全、文字说明详尽。

一、详图的相关规定

1. 比例

绘制详图的常用比例为 1:1,1:2,1:5,1:10,1:20,1:50。

2. 图线

详图的图线与被索引的图样相同。

3. 数量

建筑详图的数量主要以建筑的复杂程度来确定,以满足完整表达其内容为原则。

4. 详图索引符号及详图符号

在图中为了更清楚、有条理地表达房屋的一些构造做法,通常在需要画详图的地方注出一个标记,即详图索引符号。国标规定其符号的画法必须符合下述规定:索引符号的圆及水平直径均应以细实线绘制,圆的直径应为 8~10 mm,如图 13-30(a) 所示。

当索引出的详图与被索引的图样在同一张图内时,应在索引符号的上半圆中用阿拉伯数字注明该详图的编号,并在下半圆中间画一段水平细实线,如图 13-30(b) 所示。当索引出的详图与被索引的图样不在同一张图纸内时,应在索引符号的下半圆中用阿拉伯数字注明该详图所在图纸的图纸号,如图 13-30(c) 所示。当索引出的详图采用标准图时,应在索引符号水平直径的延长线上加注该标准图册的编号,如图 13-30(d) 所示。

图 13-30 详图索引符号

索引符号如用于索引剖面详图,应在被剖切的部位绘制剖切位置线,并应以引出线引出索引符号,引出线所在的一侧应为剖视方向,索引符号的编写与上相同,如图 13-31 所示。

在标注出了详图索引符号后,应有与此相应的详图,为了查阅方便,也给该详图注上标记,即详图符号。国标规定:详图的位置和编号用详图符号表示,详图符号用粗实线绘制,直径为 14 mm。

当详图与被索引的图纸在同一张图内时,应在详图符号内用阿拉伯数字注明详图的编号,

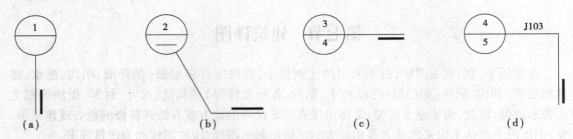

图 13-31　用于索引剖面详图的索引符号

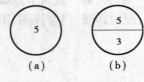

图 13-32　详图符号

如图 13-32(a)所示。当详图与被索引的图纸不在同一张图内时,可用细实线在详图符号内画一水平直径,在上半圆中注明详图编号,在下半圆中注明被索引图纸的图纸号,如图 13-32(b)所示;也可不注明被索引图纸的图纸号,与图 13-32(a)相同。

5.引出线

在图中需画详图的地方标注索引符号时,都是以引出线来相连接的,即引出线的一端伸向需画详图的部位,另一端连接索引符号。国标规定:引出线应以细实线绘制,宜采用水平方向的直线或与水平方向成 30°,45°,60°,90°的直线,或经上述角度再折为水平的折线。索引详图的引出线应对准索引符号的圆心,如图 13-33(c)所示。文字说明宜注写在引出线水平线的上方,也可注写在水平线的端部,如图 13-33 中(a)、(b)所示。

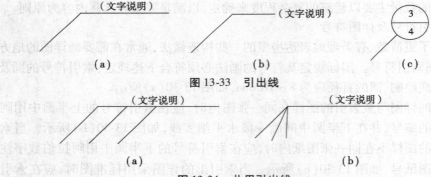

图 13-33　引出线

图 13-34　共用引出线

同时引出几个相同部分的引出线,宜相互平行,如图 13-34(a)所示;也可画成集中于一点的放射线,如图 13-34(b)所示。

房屋的楼地面、屋面、墙面等构造是由多层材料构成的,在详图中,除画出材料图例外,还要用文字加以说明,其方式是将引出线伸向说明部位,通过被引出的各层,并用圆点示意对应各层次,如图 13-35 所示,将文字说明注写在水平线上方,或注写在水平线的端部,说明的顺序由上至下,与被说明的层次对应一致;如层次为横向排列,则由上至下的说明顺序与由左至右的层次对应一致。

二、外墙身详图

外墙身详图是用假想的剖切平面把房屋外墙从上到下剖切开,然后用较大的比例画出其剖面图,它是房屋剖面图的局部放大图,详细地表达了基础以上至屋顶的整个外墙身及其相邻

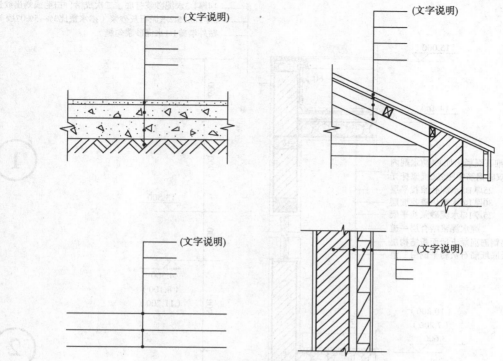

图 13-35　多层构造引出线

的墙内外各部分的构造做法及连接情况,如外墙上的防潮层、勒脚、窗台、窗洞、窗过梁、圈梁、女儿墙及墙内相邻的地面、楼面、屋面和墙外相邻的散水、勒脚、雨水管等细部的尺寸、材料和构造做法。

外墙身详图是施工图的重要组成部分,它是砌墙、门窗的安置、室内外装修等施工做法及材料估算、施工预算等的重要依据。

外墙身详图可由底层平面图中的剖切符号确定其在外墙上的位置和投影方向,亦可在建筑剖面图的外墙上用索引符号标注出各节点这两种方法来绘制,由前者绘出的详图,其名称就是底层平面图中剖切符号所标注出的剖面图的编号;由后者绘出的详图,应依次在各节点详图旁标注出详图符号。被剖切或被索引的编号,必须与详图的编号相一致。绘制外墙身详图的线型与建筑剖面图的线型相同。

外墙身详图常用 1:20 的比例来绘制。由于绘制外墙身详图采用的比例较大,且外墙上窗洞口中间一般无变化,为了节约图纸常将窗洞缩短,即在窗洞口中间折断,将外墙折断成为几个节点。此时,一般要画出底层节点(室外地坪至底层窗洞)、顶层节点(顶层窗洞到屋顶),而中间若干个节点视其构造而定,如为多层房屋且中间各层节点构造完全相同时,只画一个中间节点(相邻两层的窗洞至窗洞)即可代表整个中间部分的外墙身,但在标注标高时,要在中间节点详图的楼面、窗洞等处标注出中间各层的建筑标高,除本层标高外,其他各层标高应画上括弧,这与建筑平面图中的"标准层"同理,如详图 13-36 所示。

详图中,在被剖到的地方应画出其材料图例,并对其多层构造采用共用引出线对其各层进行说明(也可另外列表说明);对外墙上各部分要标注出详细的尺寸,对被折断的窗洞口应标注其实际的高度和标高。

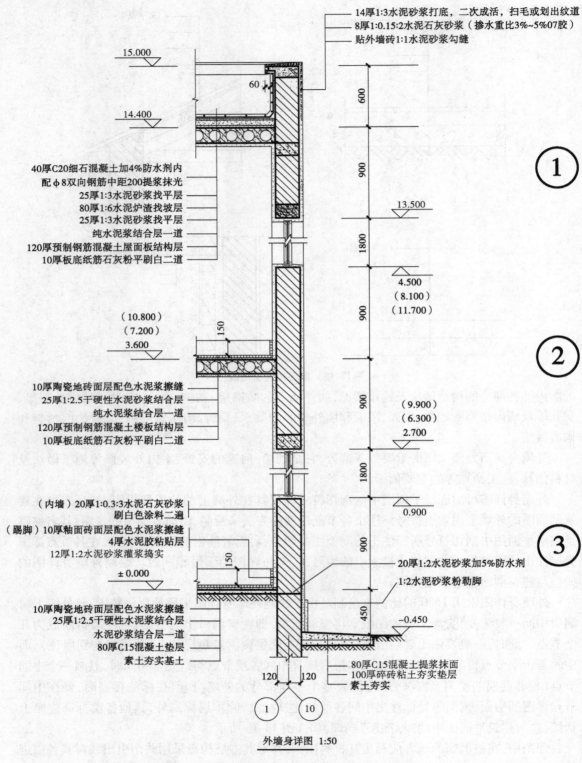

14厚1:3水泥砂浆打底，二次成活，扫毛或划出纹道
8厚1:0.15:2水泥石灰砂浆（掺水重比3%~5%07胶）
贴外墙砖1:1水泥砂浆勾缝

15.000

60

14.400

600

①

40厚C20细石混凝土加4%防水剂内
配φ8双向钢筋中距200提浆抹光
25厚1:3水泥砂浆找平层
80厚1:6水泥炉渣找坡层
25厚1:3水泥砂浆找平层
纯水泥浆结合层一道
120厚预制钢筋混凝土屋面板结构层
10厚板底纸筋石灰粉平刷白二道

900

13.500

1800

4.500
（8.100）
（11.700）

（10.800）
（7.200）
3.600

150

900

②

10厚陶瓷地砖面层配色水泥浆擦缝
25厚1:2.5干硬性水泥砂浆结合层
纯水泥浆结合层一道
120厚预制钢筋混凝土楼板结构层
10厚板底纸筋石灰粉平刷白二道

900

（9.900）
（6.300）
2.700

1800

0.900

（内墙）20厚1:0.3:3水泥石灰砂浆
刷白色涂料二遍
（踢脚）10厚釉面砖面层配色水泥浆擦缝
4厚水泥胶粘贴层
12厚1:2水泥砂浆灌浆捣实

150

900

③

20厚1:2水泥砂浆加5%防水剂
1:2水泥砂浆粉勒脚

± 0.000

10厚陶瓷地砖面层配色水泥浆擦缝
25厚1:2.5干硬性水泥浆结合层
水泥砂浆结合层一道
80厚C15混凝土垫层
素土夯实基土

450

−0.450

80厚C15混凝土提浆抹面
100厚碎砖粘土夯实垫层
素土夯实

120   120

①   ⑩

外墙身详图 1:50

图 13-36 外墙身详图

如几个外墙身的构造做法完全相同,则可只画一个详图,在标注外墙身的轴线时,按国标的规定进行标注。一个详图适用于几根定位轴线时,应同时注明各有关轴线的编号;通用详图的定位轴线,应只画圆不注写轴线编号。详图中的轴线圆圈直径宜为 8 ~ 10 mm,如图 13-37 所示。

图 13-36 为被图 13-16、图 13-17、图 13-19 索引的详图,它详细表明了外墙身各节点的构造做法。

1. 底层节点

底层节点表示了室外勒脚及散水;室内地坪及踢脚;室内外地坪设有 450 mm 的高差;在室内地坪 ±0.000 以下 60 mm 位置处墙内设一防潮层;底层窗台标高为 900 mm。

2. 二层节点

二层节点表示了室内楼板层的构造,楼板为预制钢筋混凝土空心板,且没有伸进墙身内,即板的两端由横墙所支承;在窗洞上面有钢筋混凝土过梁;顶层楼板下还设有圈梁;窗洞口实高为 1800 mm;上下窗间墙高 1800 mm。由于 2,3,4 层在该部位的做法相同,故将 3,4 层节点合为一个画出,并在窗洞的上下口及楼面的标高中,标出了 3 层在相同位置处的标高。

3. 顶层节点

屋面板与楼板相同,但在屋面板上有垫层、防水层等构造层;女儿墙高 600 mm;在女儿墙与屋面的相交处做有泛水;在屋顶节点各处都标有尺寸和标高。

(a)用于两根轴线时　　　　(b)用于三根或三根以上轴线时　　(c)用于三根以上连续编号轴线时

图 13-37　详图的轴线编号

在室内各层楼面中,还可看到墙体与楼面相交处的踢脚线。

在图 13-36 中,用构造引出线标出了楼、地面层、屋面层、室内外墙面、室外散水的材料、比例、厚度等构造做法。除所标明的材料外,其余均由材料图例标明。

为便于看图,在图 13-36 中将三节点上下对齐画出,并按图 13-16、图 13-17、图 13-19 上所标注的详图索引符号标注出详图符号。由于该外墙身详图适合于左、右两山墙,故同时标注出①、⑩两轴线。

现在建筑的很多构配件都有标准图,如散水、防潮层、勒脚、窗台、楼地面、屋面、檐口等构造详图,选用时只需在图中相应部位的详图索引符号上注明标准图集的代号、页号和详图编号就可省去绘制上述墙身详图了。

墙身详图上的尺寸和标高应与剖面图中一致,有关构件如门窗过梁、圈梁、楼屋面板等的详细尺寸均省略不标出,这些可在结构施工图中查到。

三、楼梯详图

楼梯是房屋连接上下空间的主要设施,通常采用现浇或预制钢筋混凝土楼梯。楼梯由梯段、平台、栏杆(或栏板)扶手组成,如图 13-38 所示。

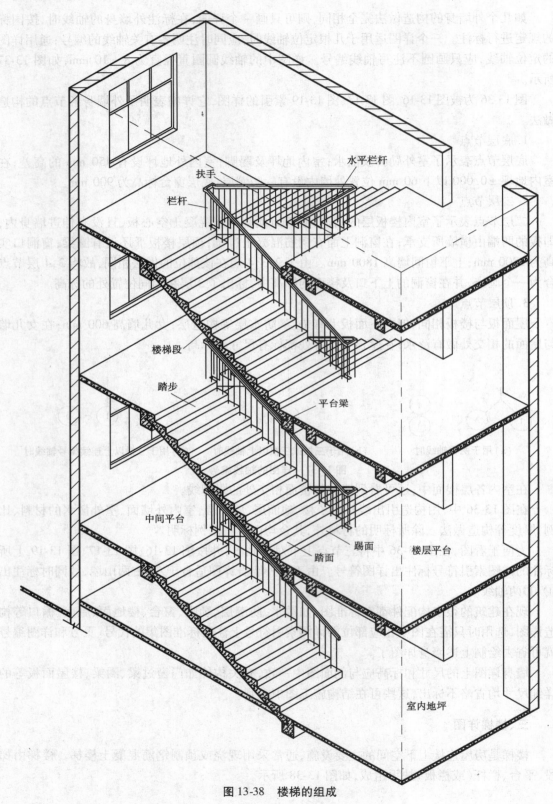

水平栏杆

扶手

栏杆

楼梯段

踏步

平台梁

中间平台

踢面

楼层平台

踏面

室内地坪

图 13-38　楼梯的组成

　　在上下两层之间,与两梯段相连的平台叫中间平台,也叫休息平台;同楼层等高的平台,叫楼层平台。楼梯段上有踏步,踏步的水平面叫踏面,铅垂面叫踢面。

　　常见的楼梯平面形式如图13-39所示,一般用得较多的有单跑楼梯、双跑平行楼梯和三跑楼梯(通常将下一层到上一层的梯段数叫跑数)。

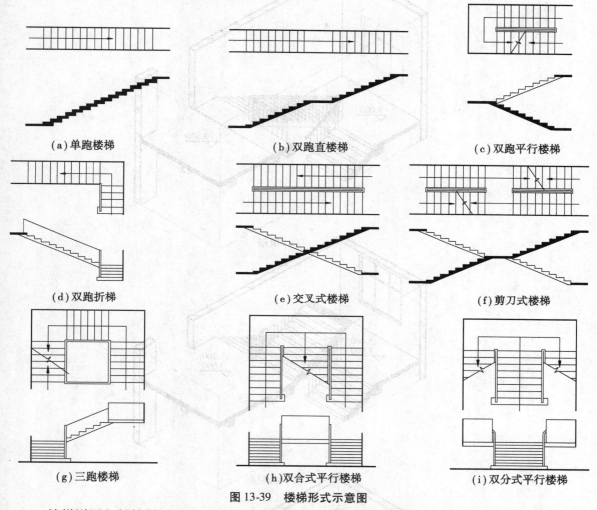

(a)单跑楼梯　　　　(b)双跑直楼梯　　　　(c)双跑平行楼梯

(d)双跑折梯　　　　(e)交叉式楼梯　　　　(f)剪刀式楼梯

(g)三跑楼梯　　　(h)双合式平行楼梯　　　(i)双分式平行楼梯

图13-39　楼梯形式示意图

　　楼梯详图包括楼梯平面图、楼梯剖面图、踏步和栏杆扶手等详图,这些详图尽可能放在同一张图纸上。

　　楼梯详图主要表示楼梯的形式、尺寸、结构类型、踏步、栏杆扶手及装修做法等。

　　楼梯详图一般分为建筑详图和结构详图,分别编入"建施"和"结施"中,但当一些楼梯构造和装修较简单时,两者可合并绘制,编入"建施"或"结施"均可。

　　楼梯的建筑详图线型与建筑的平、剖面图相同。

　　1.楼梯平面图

　　楼梯平面图主要表示楼梯位置、墙身厚度、楼梯各层的梯段、平台和栏杆扶手的布置以及梯段的长度、宽度和各级踏步的宽度等。

　　楼梯平面图是建筑平面图中楼梯间部分的局部放大图,它实际上也是水平剖面图,它是在除顶层外的各层上行第一跑的中间、顶层是在栏板或扶手之上剖切后向下投影而得,如图13-40所示。在平面图中,梯段剖开处(上行第一跑的中间),要画一条与踢面线成30°的折断线以示剖切位置。

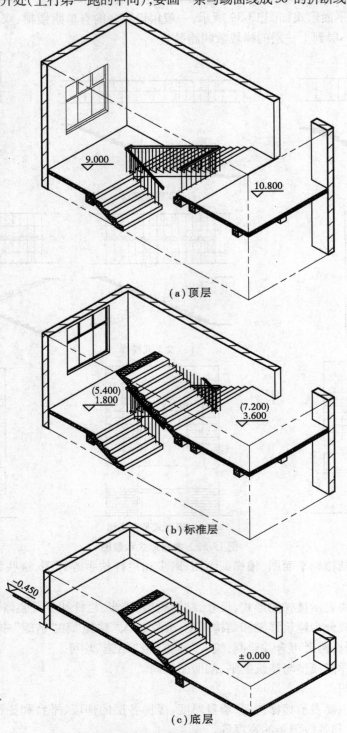

(a)顶层

(b)标准层

(c)底层

图13-40　楼梯水平分层轴测剖面图

　　楼梯平面图中,底层平面图只有一个被剖到的上行梯段,与其他各层不一样,如图13-41(a)所示,一般都要画出;除顶层外其他中间各层楼梯若完全相同,则只画一个平面图作代表,叫标准层平面图,在图中要将各层标高标出表明代表的层数,如图13-41(b)所示;顶层楼梯没有折断,且还有一平台栏杆,所以也应单独画出,如图13-41(c)所示。故楼梯详图通常只画出底层、标准层和顶层三个平面图。

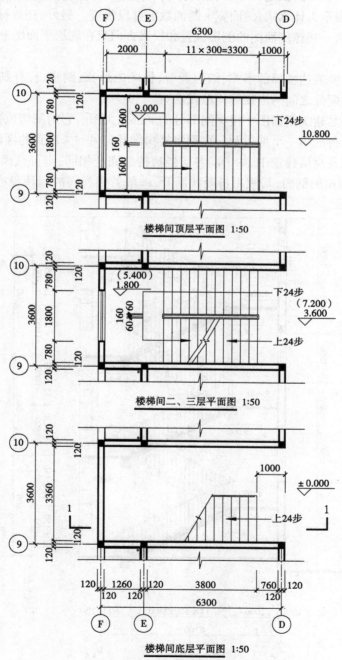

图13-41　楼梯平面详图

　　在楼梯平面图中,为了表示楼梯的上下方向,规定以某层的楼(地)面为准,用文字、指示线和箭头表示上和下,这里"上"是指到上一层,"下"是指到下一层。顶层楼梯平面图中没有向上的楼梯,故只有"下"。文字应写在指示线的端部,同时还应注明上一层或下一层的步级数。

　　楼梯平面图中,要用定位轴线及编号表明其在建筑平面图中的位置。还要标注出楼梯间的开间和进深尺寸、梯段的长度和宽度、楼梯平台和其他细部尺寸等。梯段的长度标注其水平投影的长度,且要表示为计算式:踏面宽×踏面数=梯段长度。另外,还要标注出各层楼(地)面、中间平台的标高。楼梯剖面图的剖切位置和投影方向只在底层平面图上标出。

　　2. 楼梯剖面图

　　楼梯剖面图主要表达楼梯的形式、结构类型、梯段的形状、踏步、栏杆扶手(或栏板)的形式和高度以及各构配件之间的连接等构造做法。

　　楼梯剖面图也是建筑剖面图中楼梯间部分的局部放大图。它的剖切位置和投影方向通常是剖切平面通过上行的第一个梯段和门窗洞将楼梯剖开向另一未剖到的梯段方向投影所得到的剖面图。在多层及高层建筑中,如中间各层楼梯构造完全相同,则可只画出底层、一个中间层(即标准层)和顶层的剖面,其间用折断线断开,一般若楼梯间的屋顶没有特殊之处可不画出,如图 13-42 所示。

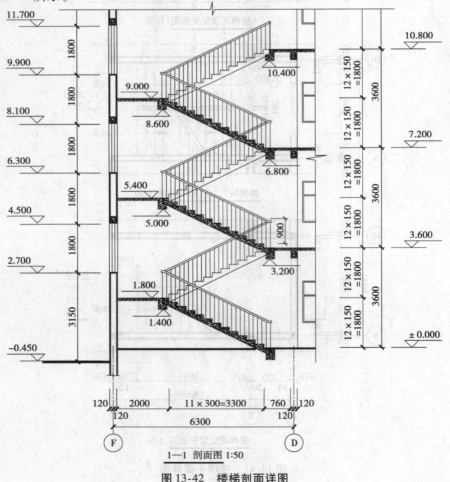

1—1 剖面图 1:50

图 13-42　楼梯剖面详图

楼梯剖面图的标注应包括以下内容:

(1)在竖直方向应标注出楼梯间外墙的墙段、门窗洞口的尺寸和标高;应标注出各层梯段的高度尺寸,其标注方法同其平面详图,应写出计算式:步级数×踢面高＝梯段高度;应标注出各层楼地面、中间平台面、平台梁下口的标高;还应标注出扶手的高度,其高度一般为自踏面前缘垂直向上900 mm。

(2)水平方向应标注出梯间墙身的轴线编号、梯段的水平长度和其轴线尺寸,还应标注出像入口处的雨篷、梯段的错步长度、底层的局部台阶等细部尺寸和标高。

(3)对楼梯剖面详图中还表达不清楚的某些细部的构造做法,仍可标出索引符号,将其细部再进行放大画出,并可重复使用该法,直至方便施工为止。

3.楼梯详图的画法

1)楼梯平面图的画法

将各层平面图对齐,根据楼梯间的开间、进深尺寸画出定位轴线,然后画出墙身厚度、平台宽度、梯段长度及栏杆宽度等位置线,如图 13-43(a)所示。

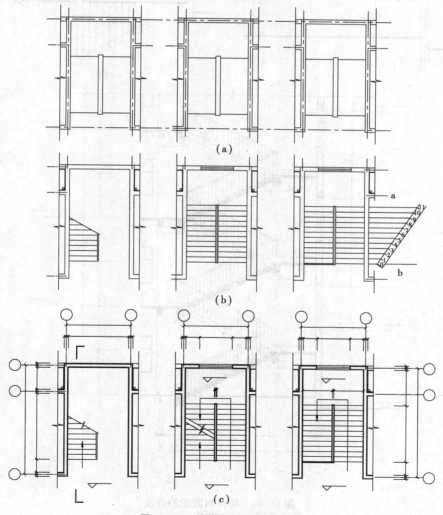

图 13-43　楼梯间平面图的画法

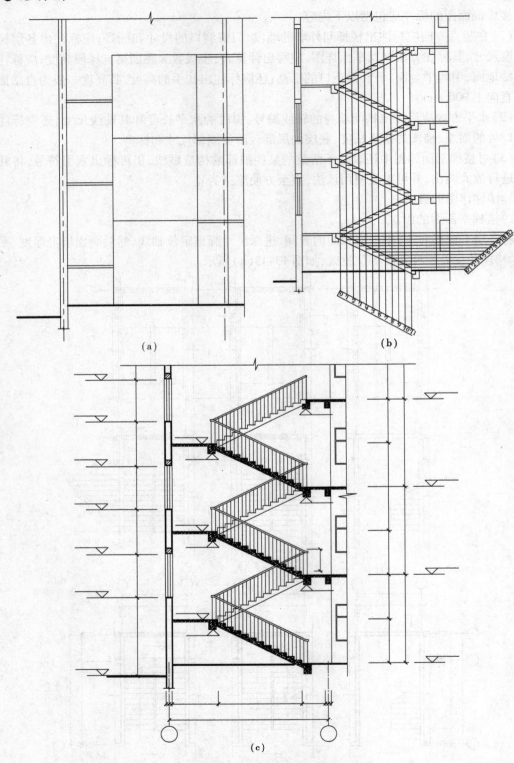

(a)

(b)

(c)

图 13-44 楼梯剖面图的画法

画出门、窗洞、栏杆,根据踏步级数 n 在梯段上用两平行线间等距离的分格方法画出踏面数 $(n-1)$ 格,如图 13-43(b)所示。

画出折断线、上下行方向线及尺寸线、尺寸界线、标高符号、剖切符号和轴线编号圆圈等。加深图线,线型与建筑平面图相同,如图 13-43(c)所示。标注尺寸、标高并注写文字(此处略)。

2)楼梯剖面图的画法

根据楼梯底层平面图中的剖切符号的位置和投影方向,画出墙身轴线和墙体厚度,再根据标高画出室内外地坪线、各层楼面、楼梯平台的位置线及它们的厚度,如图 13-44(a)所示。

根据梯段的长度、平台宽度定出梯段位置,然后再根据踏步级数 n,利用两平行线间等距离分格的方法画出踏步,并画出斜梯段或梯板厚度及平台梁的轮廓线,如图 13-44(b)所示。未被剖到的梯段上的踏步如果可见,则画成细实线,如不可见,则画成细虚线;另画出窗及过梁等构配件轮廓线。

画出窗、栏杆扶手、材料图例等细部,并画出尺寸线、尺寸界线、标高符号和轴线圆圈等,按要求加深图线,如图 13-44(c)所示。(标注尺寸、标高及注写文字此处略)

四、木门窗详图

木门窗由门(窗)框、门(窗)扇和五金件(铰链、插销、拉手、风钩、转轴等)组成,其名称如图 13-45 所示。

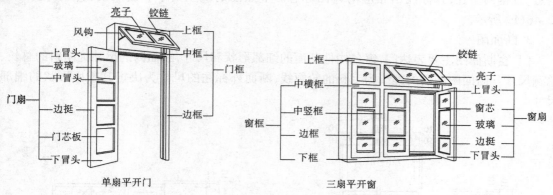

单扇平开门　　　　　三扇平开窗

图 13-45　木门窗的组成及名称

门、窗洞口的基本尺寸应符合扩大模数的要求。

门、窗详图有立面图、节点图、断面图和门、窗扇立面图等。

1.门、窗立面图

门、窗立面图是门扇、窗扇和门框、窗框组合在一起时的立面图,主要表达出门和窗的立面形式、大小、开启方向以及需画出节点图的详图索引符号。

门、窗立面图一般采用 1:20,1:30 的比例绘制。

门、窗扇向室内开启时简称内开,反之则简称外开。国标规定:立面图上开启方向用两条细斜线表示,斜线开口端为开启边,分别画到开启缝的上下端点;斜线相交端为安装铰链端,斜线交点画到铰链端缝的中点;斜线为实线时,表示门、窗扇向外开;斜线为虚线时,向内开。一般以门、窗向着室外的面作为正立面。如图 13-46(a)所示,门上的亮子上半部分为虚线朝内开,下半部分为实线朝外开,斜线交点在中间,所以为中悬窗;门扇的斜线为虚线,朝内开;窗的亮子外开,为上悬窗,下部为外开平开窗。

门、窗立面图上,水平和竖向一般都要标注三道尺寸。最外一道为门、窗洞口的尺寸;中间一道为灰缝和门、窗框的外包尺寸;最里边一道为门窗扇的尺寸。门、窗洞口尺寸应与建筑平、立、剖面图上的洞口尺寸相一致。

建筑构配件一般有三种尺寸:标志尺寸、构造尺寸和实际尺寸。

(1)标志尺寸:设计时所标注的尺寸。如门(窗)洞宽1000 mm,设计中就标注为1000 mm,但这并不代表门(窗)的宽度,而还是称为门(窗)宽1000 mm。

(2)构造尺寸:根据标志尺寸和使用及施工要求,对构配件确定的生产尺寸。如上述称为1000 mm 宽的门(窗),考虑其安装需要,其构造尺寸就为980 mm,即按该尺寸制作门(窗)框。

(3)实际尺寸:构配件按构造尺寸生产出来后,有一定的误差,该误差在允许范围内时的尺寸,就是实际尺寸。

门、窗立面图中,轮廓线用粗实线,其余均用细实线。

2. 节点图

门、窗节点图通常是用更大的比例(1:5,1:10)绘制的局部剖切详图,主要表达各门(窗)框、扇的断面形状、用料尺寸和框与扇之间的连接。

为了便于看图,一般将节点图在水平或竖直方向按立面图上索引符号的位置放在立面图附近,且排列整齐,并标注出相应的详图标志。节点图的线型要求和建筑剖面图相同,如图13-46(b)所示。

3. 断面图

门、窗断面图主要表达门、窗各构件断面的细部形状和尺寸,断面内的尺寸为净料的总长、总宽尺寸。断面图四周的虚线为毛料的轮廓线,断面外标注的尺寸为决定其断面形状的细部尺寸。

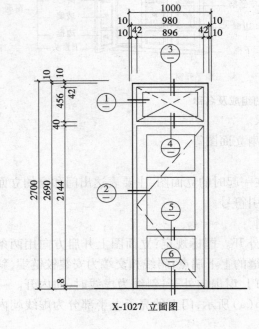

X-1027 立面图

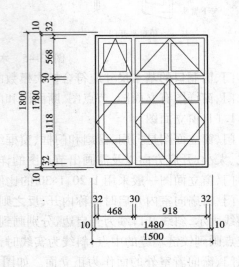

(a)

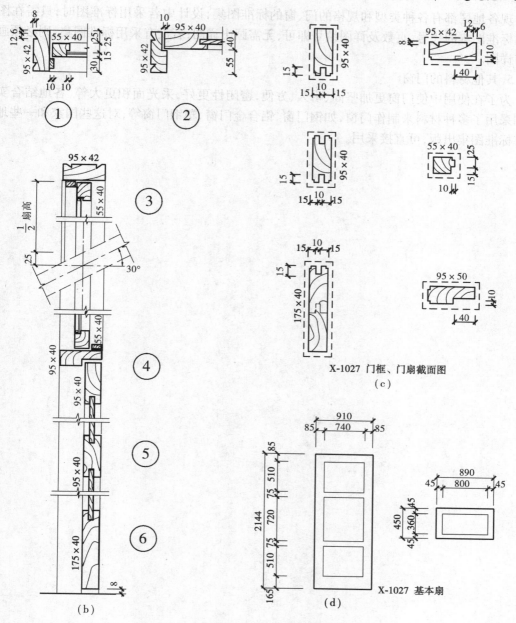

X-1027 门框、门扇截面图
（c）

X-1027 基本扇
（d）

（b）

图 13-46　木门窗详图

断面图通常用 1:2、1:5 的比例绘制。

断面图的轮廓线用中粗实线(0.7b)绘制,如图 13-46(c)所示。

4. 门、窗扇立面图

门、窗扇立面图主要表示门、窗扇的形状和大小,其尺寸应标注两道:外面一道是门、窗扇的外包尺寸;里面一道是扣除挺或冒头的位置尺寸和玻璃板与芯板的尺寸。

门、窗扇立面图的比例通常用 1:20。

门、窗扇立面图中轮廓线用中粗实线(0.7b),其余均为细实线,如图 13-46(d)所示。

现各地区都有各种类型和规格的门、窗的标准图集,设计中若采用标准图时,只需在图中说明标准图集的代号、页数及详图编号即可,无需画出详图;若没有采用标准图集,则必须画出门窗详图。

5. 其他材料的门窗

为了在使用中使门窗更加坚固、耐久、方便,密闭性更好,采光面积更大等,各地结合实际分别采用了多种材料来制作门窗,如钢门窗、铝合金门窗、塑钢门窗等,对这些国家和一些地区已有标准图集出版,可直接采用。

第十四章 结构施工图

第一节 概 述

建筑物是由很多的建筑构配件所组成。其中构件主要起承重作用,如基础、墙、柱、梁、板等,这些构件互相联结支承形成整体,构成建筑物的承重结构系统(即骨架),这个系统常称为建筑结构,简称结构。在这个系统中的承重构件,称为结构构件,简称构件。建筑结构主要是承受房屋的自重和作用在房屋上的各种外力,如风、雨、雪、人群、家具、设备等,这些外力统称为荷载。

结构设计的主要任务是根据房屋的使用要求,进行结构选型、结构布置,经过力学和结构计算确定各结构构件的形状、大小、材料等级及内部构造,然后将其结果绘成图样,构成结构施工图,简称结施图。

结构施工图是构件制作、指导施工、编制预算等的依据。

建筑结构的主要承重构件所采用的材料一般有钢筋混凝土、砖石、钢、木等。建筑结构中,构件的种类繁多,国标用构件名称的汉语拼音字母来表示各种构件,常用的构件代号规定见表14-1。

表 14-1 常用构件代号(GB/T 50105—2010)

序号	名 称	代号	序号	名 称	代号	序号	名 称	代号
1	板	B	15	吊车梁	DL	29	托架	TJ
2	屋面板	WB	16	单轨吊车梁	DDL	30	天窗架	CJ
3	空心板	KB	17	轨道连接	DGL	31	框架	KJ
4	槽形板	CB	18	车挡	CD	32	刚架	GJ
5	折板	ZB	19	圈梁	QL	33	支架	ZJ
6	密肋板	MB	20	过梁	GL	34	柱	Z
7	楼梯板	TB	21	连系梁	LL	35	框架柱	KZ
8	盖板或沟盖板	GB	22	基础梁	JL	36	构造柱	GZ
9	挡雨板或檐口板	YB	23	楼梯梁	TL	37	承台	CT
10	吊车安全走道板	DB	24	框架梁	KL	38	设备基础	SJ
11	墙板	QB	25	框支梁	KZL	39	桩	ZH
12	天沟板	TGB	26	屋面框架梁	WKL	40	挡土墙	DQ
13	梁	L	27	檩条	LT	41	地沟	DG
14	屋面梁	WL	28	屋架	WJ	42	柱间支撑	ZC

续表

序号	名　称	代号	序号	名　称	代号	序号	名　称	代号
43	垂直支撑	CC	47	阳台	YT	51	钢筋网	W
44	水平支撑	SC	48	梁垫	LD	52	钢筋骨架	G
45	梯	T	49	预埋件	M-	53	基础	J
46	雨篷	YP	50	天窗端壁	TD	54	暗柱	AZ

注:1. 预制混凝土构件、现浇混凝土构件、钢构件和木构件,一般可以采用本表中的构件代号。在绘图中,除混凝土构件可以不注明材料代号外,其他材料的构件可在构件代号前加注材料代号,并在图纸中加以说明。

2. 预应力混凝土构件的代号,应在构件代号前加注"Y",如 Y-DL 表示预应力混凝土吊车梁。

结构施工图中的线型还应符合国标的规定,见表14-2。

表 14-2　图线(GB/T 50105—2010)

名　称		线　型	线　宽	一般用途
实线	粗		b	螺栓、钢筋线、结构平面图中的单线结构构件线、钢木支撑及系杆线,图名下横线、剖切线
	中粗		$0.7b$	结构平面图及详图中剖到或可见的墙身轮廓线、基础轮廓线、钢、木结构轮廓线、钢筋线
	中		$0.5b$	结构平面图及详图中剖到或可见的墙身轮廓线、基础轮廓线、可见的钢筋混凝土构件轮廓线、钢筋线
	细		$0.25b$	标注引出线,标高符号线,索引符号线、尺寸线
虚线	粗		b	不可见的钢筋线、螺栓线,结构平面图中不可见的单线结构构件线及钢,木支撑线
	中粗		$0.7b$	结构平面图中的不可见构件、墙身轮廓线及不可见钢、木结构构件线,不可见的钢筋线
	中		$0.5b$	结构平面图中的不可见构件、墙身轮廓线及不可见钢、木结构构件线,不可见的钢筋线
	细		$0.25b$	基础平面图中的管沟轮廓线、不可见的钢筋混凝土构件轮廓线
单点长画线	粗		b	柱间支撑、垂直支撑、设备基础轴线图中的中心线
	细		$0.25b$	定位轴线、对称线、中心线、重心线
双点长画线	粗		b	预应力钢筋线
	细		$0.25b$	原有结构轮廓线

名　称	线　型	线　宽	一般用途
折断线	———————⌁———————	0.25b	断开界线
波浪线	∼∼∼∼∼	0.25b	断开界线

第二节　结构施工图

建筑结构的类型不同,其施工图所包含的内容和编排方式也不尽相同,这里以常见的民用房屋混合结构的施工图为例来进行说明。

当房屋的结构系统采用了两种或两种以上不同的材料时称为混合结构。如现在较常见的多层房屋中,基础用砖石或混凝土制成,墙或柱用砖砌筑,其余的承重构件都用钢筋混凝土,这种结构就称为混合结构。下面以第十三章图 13-16 ～ 图 13-19 介绍的 4 层宿舍为例,通过对其结构(混合结构)的介绍,阐述混合结构民用房屋结构施工图的内容和图示特点。

民用房屋的结构施工图一般包括以下内容:结构设计说明、基础施工图、构件详图、各层结构布置平面图、楼梯结构施工图等。

一、结构设计说明

结构设计说明一般包括:主要设计依据,如房屋所在地的抗震设防要求,地质条件,风、雪荷载等;所采取的技术措施;对材料及施工的要求;结构设计中所采用的规范和标准图集等。结构设计说明内容较少时,可与建筑设计说明合并写成设计总说明,编在施工图的首页中;如结构设计说明内容较多,则可单独编为一页,作为结构施工图的首页。

二、基础施工图

建筑工程中,一般将房屋埋在地面以下承受房屋全部荷载的构件称为基础。基础下面承受基础传来的荷载的地层称为地基。条形基础的组成如图 14-1 所示。基坑是为基础施工而在地面上开挖的土坑,埋入地下的墙称为基础墙。基础墙下阶梯形的砌体称为大放脚。大放脚以下最宽部分的一层称为垫层。防潮层是防止地下水对墙体侵蚀的一层防潮材料。

混合结构民用房屋的基础,按其构造形式一般可分为墙下条形基础和柱下独立基础,如图 14-2 所示。若按所用的材料不同,

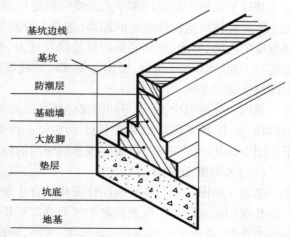

图 14-1　条形基础的组成

又可分为砖基础、条石基础、毛石基础、混凝土基础和钢筋混凝土基础。

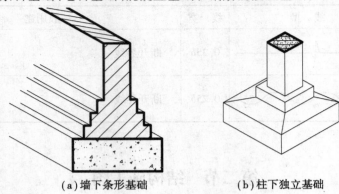

(a)墙下条形基础　　　　　(b)柱下独立基础

图14-2　基础的形式

基础的大小、用材、埋置深度及其他构造措施,需由结构设计来确定,然后用基础施工图反映出来。基础施工图一般包括基础平面图、基础断面详图和文字说明三部分,如有可能,尽量将这三部分内容编排在同一张图纸上以便看图。

现以前面所述的宿舍基础(条形基础)施工图为例来说明基础施工图的一些内容和图示特点。

(一)基础平面图

基础平面图是用假想的一个水平剖切平面沿室内地面将房屋全部切开,并将平面上部的房屋移去,将平面下部的房屋向下投影所形成的。此时,将回填土看成是透明体,能够看到基础下部最宽的部分。基础平面图主要表示基础的平面布置情况及基础、墙或柱相对于轴线的位置关系。

绘制基础平面图通常采用与建筑平面图相同的比例,如1:100、1:200等。

基础平面图要画出被剖到的墙、柱轮廓线,其线型用中粗实线($0.7b$ 或 $0.5b$)表示,基础也用中粗实线画出底面最宽的轮廓线,不画基础大放脚的轮廓线,如图14-3所示。

基础平面图中仍要用细单点画线标出定位轴线,并且与建筑平面图的定位轴线完全一致。此外还要标注出定位轴线间的距离(进深与开间尺寸)和房屋两端轴线间的距离;要标注出不同宽度的内墙、外墙、基础底部的尺寸以及墙身、基础与轴线之间的位置关系,图14-3中基础宽度有1200,800 mm两种,墙体为24墙,轴线都居中。纵、横墙轴线编号及相互间的距离都与建筑平面图相同。

在同一幢房屋中,由于不同的部位所作用的荷载不同或地基的承载力不同,因此基础断面的形状、大小、埋置深度也可能不同,而对每一种不同的基础,都要画出它的断面图,并在基础平面图中标注出剖切符号以表明该基础断面的位置,如图14-3中的1—1和2—2断面。

(二)基础断面详图

基础平面图必须与基础断面详图相结合才能完全反映出基础的全貌。

基础断面详图是用假想的剖切平面垂直于基础轴线进行剖切,并用较大比例1:20或1:50画出的详图,主要表示基础的断面形状、大小、标高、材料及构造做法等。它应与基础平面图中的剖切符号相对应。

如图14-4所示,基础材料由混凝土和砖组成;1—1断面和2—2断面中,底宽分别为

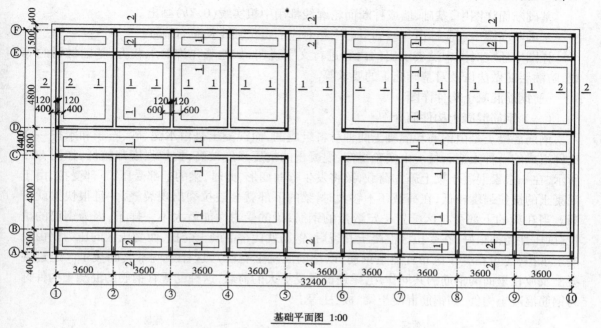

图 14-3 基础平面图

1200 mm 和 800 mm；两边各挑出 180 mm 和 160 mm，基础墙宽都为 240 mm，大放脚的每个台阶宽都为 60 mm，高为 120 mm，垫层高 300 mm，底面标高（埋置深度）为 −2.30 m，距室内地面（±0.000）以下 0.060 m 处设有防潮层；另外还标出了室内外地坪标高。

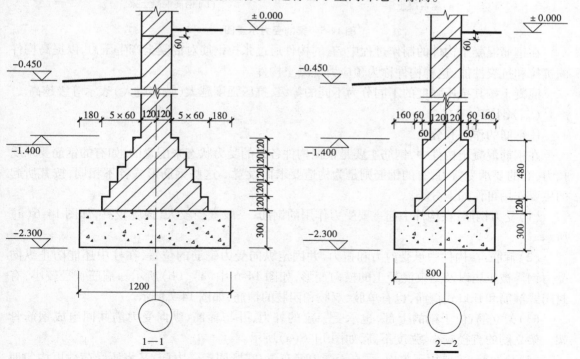

图 14-4 基础断面详图

基础断面详图中,基础、墙或柱断面轮廓线都用中粗实线(0.7b)画出。

基础断面图中还应标出与基础平面图相对应的定位轴线及断面编号。

详图中还应对图中没表示出的内容进行文字说明,如地基允许的承载力、基础材料的等级、防潮层的做法以及对基础施工的要求等。

三、钢筋混凝土构件详图

(一)钢筋混凝土构件简介

钢筋混凝土是由钢筋和混凝土两种材料组成的,而混凝土是由水泥、砂、石子和水按一定比例组成的一种人造石材。由实验得知,混凝土的抗压强度较高,抗拉强度却较低,如图 14-5 所示,在一根素混凝土梁上施加荷载,梁将发生弯曲变形,此时,梁的上部受压,下部受拉,由于混凝土的抗拉强度较低,在荷载还不够大时,梁的下部就会被拉裂出现裂缝,并且很快梁就折断。当在梁的下部受拉区配置一定数量的钢筋,梁的受力性能就大不一样了,因为钢筋的抗拉、抗压性能都很好,在受拉区混凝土开裂后,钢筋就代替混凝土受拉,而受压区的压力仍由混凝土承担(也可在受压区布置适量钢筋,以帮助混凝土受压),这样梁就不会断裂了。通过混凝土及放在里面的钢筋的共同作用,梁还能承受更大的荷载,这种配置有钢筋的混凝土构件称为钢筋混凝土构件,如钢筋混凝土梁、板、柱等。

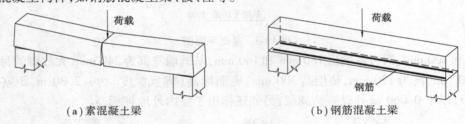

(a)素混凝土梁　　　　　　　(b)钢筋混凝土梁

图 14-5　梁的受力示意图

在钢筋混凝土构件的制作过程中,有的构件通过张拉钢筋对混凝土产生压力,以提高构件的抗拉和抗裂性能,这种构件称为预应力混凝土构件。

混凝土按其抗压强度的不同分为不同的等级,抗压强度越大(数字越大)表示等级越高。

(二)钢筋

1. 钢筋的作用和分类

在钢筋混凝土构件中,钢筋主要是根据构件各处的受力状态来配置的,如有的钢筋要承受拉力,有的要承受剪力,有的钢筋则是为构造要求而设置。这些钢筋形式各不相同,按其所起的主要作用可作如下分类。

(1)受力钢筋:在构件中起主要受力作用的钢筋,一般直径较大,强度较高,如图 14-6(a)所示。

(2)箍筋:在构件中承受剪力和扭力,并固定纵向受力钢筋的位置,在柱中还能防止纵向受力钢筋被压屈以及约束混凝土的横向变形,如图 14-6 中(a)、(b)所示。箍筋直径较小,有封闭式箍筋和开口式箍筋,也有单肢、双肢和四肢的箍筋,如图 14-7 所示。

(3)架立筋:位于梁的上部,也承受一定的外力,并与箍筋、纵向受力筋共同组成钢筋骨架。架立筋的直径较小、强度不高,如图 14-6(a)所示。

(4)分布筋:主要用于板内,垂直于受力筋布置,它既固定受力筋,又将所受荷载更均匀地传递给受力筋,并且还可防止混凝土的收缩和开裂,如图 14-6(c)所示。

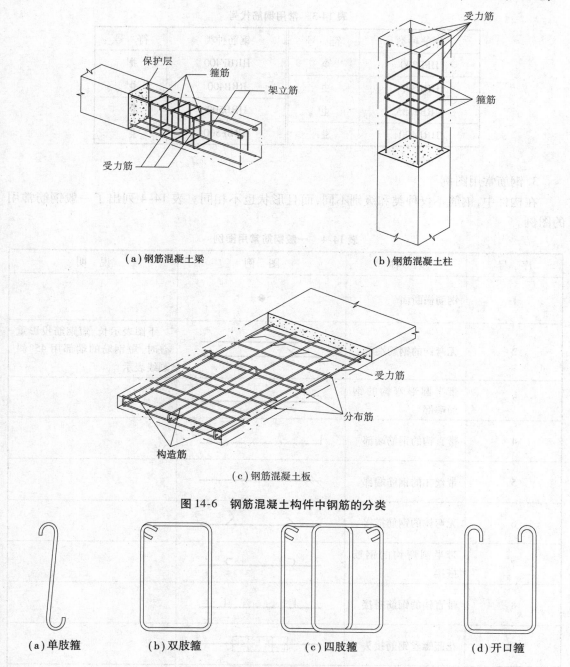

（a）钢筋混凝土梁　　　　　　　　　　（b）钢筋混凝土柱

（c）钢筋混凝土板

图 14-6　钢筋混凝土构件中钢筋的分类

（a）单肢箍　　　　（b）双肢箍　　　　（c）四肢箍　　　　（d）开口箍

图 14-7　箍筋的形式

（5）其他钢筋：由构件的构造或施工要求而配置的构造钢筋，如拉结筋、吊筋等。

2. 钢筋的种类和代号

在钢筋混凝土和预应力混凝土结构中，根据构件的受力特征和使用要求，可采用不同的钢筋或钢丝，常用的有热轧钢筋、热处理钢筋和钢丝几类。在混凝土结构规范中，对不同种类的钢筋用不同的代号以表示，见表 14-3。

表 14-3　常用钢筋代号

钢筋种类	符　号	钢筋种类	符　号
HPB300	Φ	HRBF400	$\underline{\Phi}^F$
HRB335	$\underline{\Phi}$	RRB400	$\underline{\Phi}^R$
HRBF335	$\underline{\Phi}^F$	HRB500	$\overline{\underline{\Phi}}$
HRB400	$\underline{\Phi}$	HRBF500	$\overline{\underline{\Phi}}^F$

3. 钢筋常用图例

在构件中,钢筋不仅种类和级别不同,而且形状也不相同。表 14-4 列出了一般钢筋常用的图例。

表 14-4　一般钢筋常用图例

序　号	名　称	图　例	说　明
1	钢筋横断面	●	
2	无弯钩的钢筋端部		下图表示长、短钢筋投影重叠时,短钢筋的端部用 45°斜画线表示
3	带半圆形弯钩的钢筋端部		
4	带直钩的钢筋端部		
5	带丝扣的钢筋端部		
6	无弯钩的钢筋搭接		
7	带半圆弯钩的钢筋搭接		
8	带直钩的钢筋搭接		
9	花篮螺丝钢筋接头	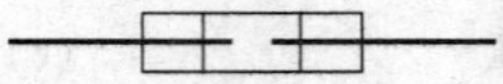	
10	机械连接的钢筋接头		用文字说明机械连接的方式(如冷挤压或直螺纹等)

4. 钢筋的画法

在钢筋混凝土结构图中,钢筋的画法要符合表 14-5 的规定。

表 14-5 钢筋的画法

序　号	图　例	说　明
1	在结构楼板中配置双层钢筋时,底层钢筋的弯钩应向上或向左,顶层钢筋的弯钩则向下或向右	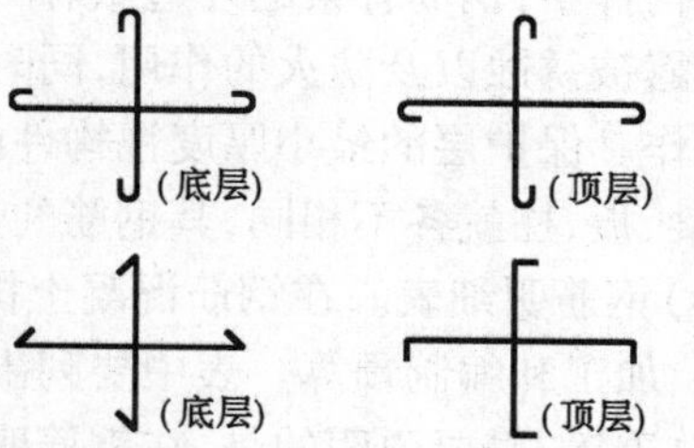 （底层）（顶层）（底层）（顶层）
2	钢筋混凝土墙体配双层钢筋时,在配筋立面图中,远面钢筋的弯钩应向上或向左,而近面钢筋的弯钩则向下或向右(JM 近面;YM 远面)	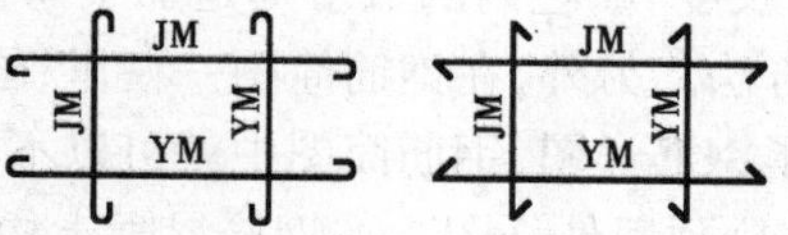 JM YM JM YM
3	若在断面图中不能表达清楚的钢筋布置,应在断面图外增加钢筋大样图(如:钢筋混凝土墙、楼梯等)	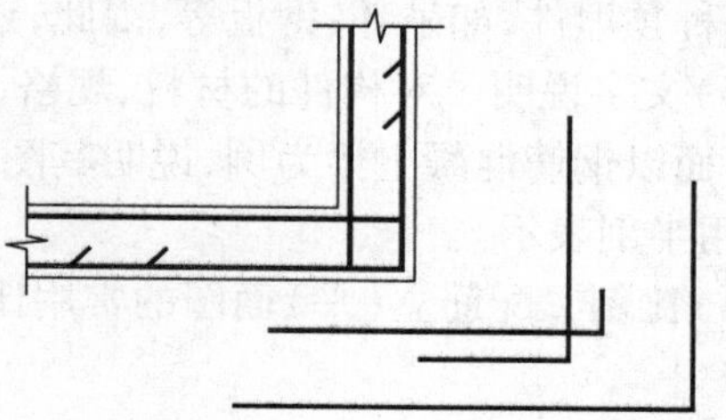
4	图中所表示的箍筋、环筋等若布置复杂时,可加画钢筋大样及说明	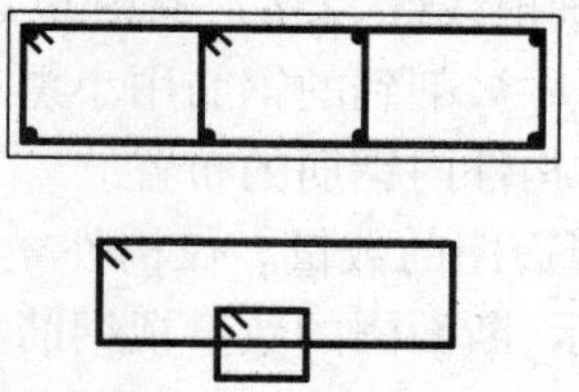
5	每组相同的钢筋、箍筋或环筋,可用一根粗实线表示,同时用一条两端带斜短画线的横穿细线,表示其余钢筋及起止范围	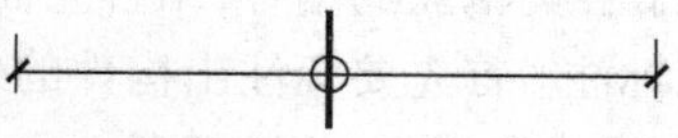

（三）钢筋混凝土构件详图

钢筋混凝土构件详图主要由模板图、配筋图、钢筋明细表和预埋件详图等组成,它是加工钢筋、制作构件、统计用料的重要依据。

(1)模板图。模板图是为浇注构件、安装模板而绘制的图样,主要表示构件的形状、大小、预埋件和预留孔洞的尺寸和位置。对较简单的构件,可不必画模板图,只需在构件的配筋图中,把各部尺寸标注清楚就行了;而对于较复杂的构件,需要单独画出模板图,以便模板的制作与安装。模板图用中粗实线绘制。

(2)配筋图。配筋图也叫钢筋布置图,它主要表示构件内部各种钢筋的形状、数量、规格和排放情况,对一般的钢筋混凝土构件,用注有钢筋编号、规格、直径等符号的配筋立(平)面图及若干配筋断面图就可清楚地表示构件中的钢筋配置情况了,如图14-8所示。

在构件中,钢筋骨架的外边做有一定厚度的混凝土,叫混凝土保护层。保护层主要起防止钢筋外露被锈蚀以及防火的作用,同时还使钢筋与混凝土之间有足够的粘结锚固,保证其整体共同工作。保护层的最小厚度视构件的不同、环境类别的不同及耐久性作用等级的不同而不同,如梁、板、柱就各不相同,其钢筋的保护层最小厚度为15~50 mm。

(3)钢筋明细表。在钢筋混凝土构件施工图中,一般构件要列出钢筋明细表,以便于钢筋的备料、加工和编制预算。表中要列出的内容有构件代号、钢筋编号、简图、规格、长度、数量、总长、总重等,需要说明的是,在钢筋明细表中简图里所注钢筋长度是未包括钢筋弯钩长度的,而在"长度"一栏内的数字则是加了弯钩长度的,并且在钢筋加工时的实际下料长度,还另有计算方法。另外,在钢筋简图一栏里,画出了各种类型的钢筋形状简图,此时如在配筋图中已画出了钢筋详图,钢筋简图中就可以不注尺寸了。

(4)预埋件详图。在钢筋混凝土构件制作中,有时为了安装、运输的需要,在构件内还设置有各种预埋件,如吊环、钢板等,因此,还需要画出预埋件详图,如图14-8中的④号钢筋。

(5)文字说明。对构件的材料、规格、施工要求及其他注意事项用文字进行说明。

下面以钢筋混凝土梁为例,说明其图示方法和绘图的若干规定,如图14-8所示(由于左右对称,用半剖表示)。

(1)比例。配筋立(平)面图的常用比例为1∶10,1∶20,1∶50;断面图一般比立(平)面图放大1倍。

(2)线型。无论立面图或断面图,构件的可见轮廓线一律用中实线(0.5b)表示;看不见的轮廓线画细虚线(0.25b),有时也可不画;主钢筋用粗实线(b)绘制;箍筋用中粗线(0.7b)表示;断面图中被剖到的钢筋用小黑点表示。立、剖面图上不画材料符号,将混凝土假设为透明体,主要看构件内钢筋的布置。

(3)断面图的数量。仅构件立面详图还不能清楚地表达钢筋的配置情况,还应配以断面图加以表示,断面图的数量视钢筋布置而定,以将各种钢筋布置表示清楚为宜。在图14-8中,梁的支座处取了一个1—1断面,并用更大的比例画出了其断面,表示出了该断面上的钢筋布置,标出了各类钢筋的编号,结合立面详图就可将钢筋配置了解清楚了。

(4)标注。首先要标注出构件的外轮廓尺寸,如图14-8中梁L42的长、宽、高分别为4440 mm(标志尺寸为4200 mm)、250 mm、350 mm。然后要将不同直径、规格、长度、形状的钢筋进行编号,编号采用阿拉伯数字,编号的小圆圈用细实线画出,直径宜为5~6 mm,并用所连接的指引线指向相应的钢筋。形状和规格完全相同的钢筋可用同一编号来表示,编号小圆圈宜排列整齐,立、断面均应如此。如①号钢筋(3 根)为受力筋;②号钢筋(2 根)为架立筋;③号钢筋为箍筋;④号钢筋(预埋件)为吊筋。在标注上,只有箍筋要标出其规格和间距,如③号箍筋,种类为HPB300级钢,直径为8;当箍筋沿梁的长度方向等距离布置时,对画出的箍筋(有的立面图上只画三四个即可)要画上尺寸线和起止符号,再将其间距表示出,如图中间距为200 mm,标记为φ8@200,其中@为间距符号;构件左边还标出了吊钩和预留孔的尺寸。

(5)钢筋明细表。在表中列出了构件代号(L4242—3)、构件数(1 根)、钢筋编号(①~④号)以及4种钢筋的形状简图、数量和规格(①号钢筋种类为HRB335级钢,直径为22 mm,数量是3 根,标记为3 Φ22;②号钢筋种类为HPB300级钢,直径为12 mm,数量是2 根,标记为

2φ12;③号钢筋为箍筋,种类为 HPB300 级钢,间距为 200 mm,标记为φ8@200、长度、总长、总重等。如已画出了钢筋详图,钢筋简图就可不画了。

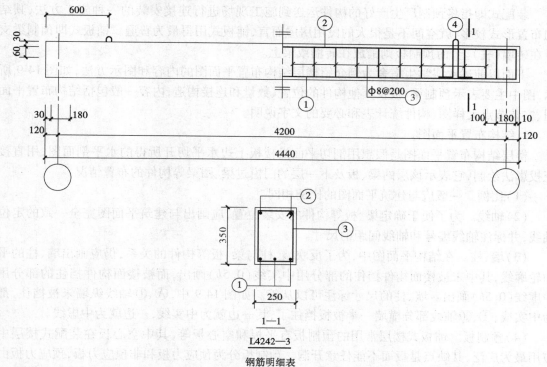

图 14-8 钢筋混凝土梁结构详图

钢筋明细表

构件 名称	构件数	钢筋 编号	钢筋简图	钢筋 规格	根 数	长 度	总长(m)	用钢量 (kg)
L4242—3	1	①	150 ⌐ 4420 ⌐ 150	Φ22	3	4720	14.160	44.88
		②	4420	Φ12	2	4420	8.840	7.85
		③	200 ⌐ 300 ⌐	Φ8	23	1180	27.140	10.72
		④	70 70 ⌐ 400 ⌐	Φ10	2	1010	2.020	1.25

(6)钢筋详图。在构件的配筋图中,当配置的钢筋较复杂时,仅从配筋的立、断面图中所标注的钢筋编号、规格和数量还不能了解钢筋的详细情况,如钢筋的形状、长度等,因此,对配筋较复杂的构件,还需画钢筋详图,也叫钢筋成型图,即将每一类规格的钢筋从构件中拿出一根来,用与立面图相同的比例画出,并放在立面图的下方,然后标上每种钢筋的编号、根数、规格及各段长度,在标注长度时可不画尺寸线和尺寸界线,直接把尺寸数字写在各段钢筋的旁边。需要说明的是在钢筋详图中所标注的钢筋长度不包括弯钩的长度。

四、楼层结构布置平面图

楼层结构布置平面图是表示房屋各楼层承重结构布置的图样。钢筋混凝土楼层按施工方法一般可分为装配式(预制)和整体式(现浇)两类。

(一)装配式(预制)楼层结构布置平面图

装配式即指将预制厂生产好的构件运送到施工现场进行连接安装的一种施工方法,其结构布置形式较多,就空间不是很大的民用房屋而言,铺板式用得最为普遍。铺板式即预制梁支承在砖墙(柱)上,而预制板则铺放在砖墙或梁上。

下面以前述4层学生宿舍为例介绍楼层结构布置平面图的内容和图示方法,如图14-9所示,图中主要表示预制梁、板及其他构件的位置、数量和连接构造,内容一般包括结构布置平面图、安装节点大样图、构件统计表和必要的文字说明。

1.结构布置平面图

楼层结构布置平面图是假想用剖切平面沿楼板上边水平切开所得的水平剖面图,用直接正投影法绘制,它表示该层的梁、板及下一层的门窗过梁、圈梁等构件的布置情况。

(1)比例。一般应与建筑平面图的比例相同。

(2)轴线。为了便于确定梁、板等构件的安装位置,应画出与建筑平面图完全一致的定位轴线,并标注轴线编号和轴线间距的尺寸。

(3)墙、柱。在结构平面图中,为了反映墙、柱与梁、板等构件的关系,仍应画出墙、柱的平面轮廓线,其中未被楼面构件挡住的部分用中实线(0.5b)画出,而被楼面构件挡住的部分用中虚线(0.5b)画出。墙、柱的尺寸标注可以从简。如图14-9中,Ⓐ、Ⓓ轴线纵墙未被挡住,都为中实线;①、⑩轴线部分横墙一半被板挡住了,其一边就为中实线,一边就为中虚线。

(4)预制板。铺板式楼层常用的预制板有平板和空心板等,其中空心板在装配式楼层中应用最为广泛,其缺点是板面不能任意开洞。预制板分为预应力板和非预应力板,预应力板由于在同等条件下可增大承载能力及节约材料、降低造价,故应用更为广泛。目前,我国很多地区都编有预制板的通用构件图集,图集中对构件代号和编号都有规定,尽管表述形式各有不同,但所代表的内容基本相同,如构件的跨度、宽度及所承受的荷载级别等。在图14-9中,楼板采用四川省的标准图集《预应力混凝土空心板图集》(川03G 402)中的编号,其编号含意如下:

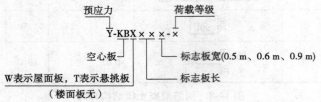

如6Y-KB366-4,表示6块预应力空心板,板的标志长度为3 600(3.6 m),板的标志宽度为600(0.6 m),荷载等级为4级(每一级值另有说明)。如采用西南地区(云、贵、川、渝、藏)通用的标准图集《预应力混凝土空心板》(西南04G 231)中构件的代号则为bKB3606-5,其中b为冷轧带肋钢筋级别,KB为预应力混凝土空心板,36为板的标志长度(3.6 m),06为板的标志宽度(0.6 m),5为荷载级别。

预制板布置的图示方法,用细实线和小黑点表示要标注的板,然后在引出线上写明板的数量、代号和型号。当板铺的距离较长时,可只画两端几块,中间省略不画,标出数量即可,如图14-9中内廊走道板的表达方式。

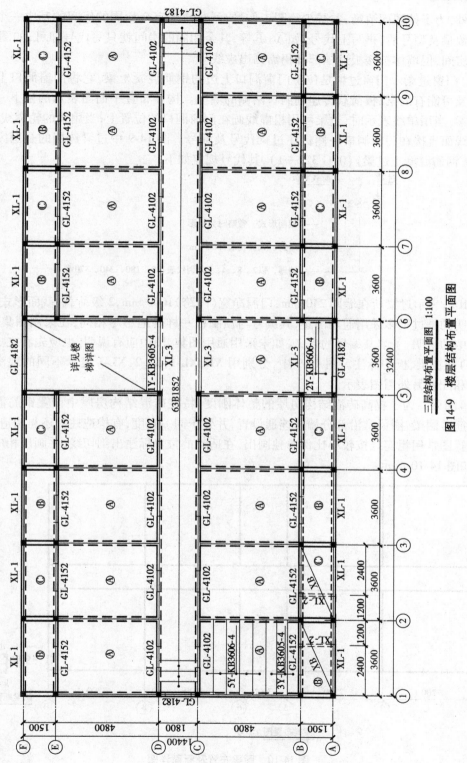

三层结构布置平面图　1:100

图14-9　楼层结构布置平面图

另外,为了使图面清晰,并减少绘图工作量,可对铺板完全相同的房间的其中一个注写所铺板的数量及型号后,再写上代号,如Ⓐ、Ⓑ等,其余相同的房间就只写代号即可,如图14-9中的宿舍房间,但墙体被楼板遮挡部分仍需画出虚线。

(5)门窗过梁。门窗过梁是位于门窗洞口上边的钢筋混凝土梁,它将门窗洞口上部墙体的重量及可能有的梁、板荷载传递到洞口两侧的墙上。构件布置平面图表示的是下一楼层的门窗过梁,当用单线表示时,过梁可用粗虚线画在门窗洞口的位置上;当用梁的轮廓线表示时,不画虚线而直接在门窗洞口一侧标注过梁代号及编号。图14-9中过梁选用的是国家建筑标准图集《钢筋混凝土过梁》(03G 322—1),其代号规定如下:

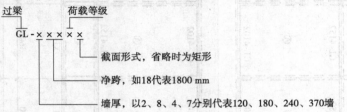

如GL4102,表示过梁所在墙厚240 mm,门洞净宽(净跨)1000 mm,2级荷载,截面形式为矩形。另须说明的是过梁多采用通用图集,其编号与预制板一样各地不尽相同,在采用图集时,应先看图集中的说明,了解其编号的含义,如未采用通用图集,图中应有说明,也应先看之。

(6)现浇梁、板的标注。图14-9中,分别用 XB,XL-1,XL-2,XL-3 表示不同的现浇梁、板,其大小和配筋另外用图表示。

(7)圈梁。为了提高砖混结构房屋的整体刚度,特在砖混结构房屋中设置钢筋混凝土圈梁或钢筋砖圈梁,圈梁常沿部分墙体连通设置,并处于同一高度,有构造柱时还与构造柱相连。圈梁布置图常用粗实线按较小比例单独画出,在适当的位置标注出剖切线,并画出相应的断面详图,如图14-10所示。

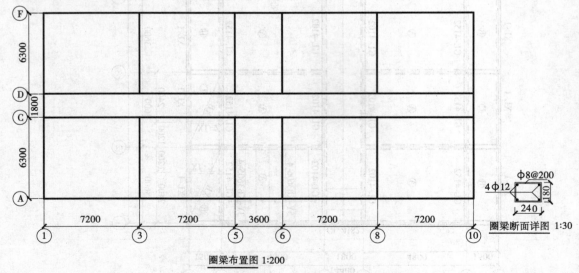

图14-10　圈梁布置及断面详图

2. 安装节点大样

在钢筋混凝土装配式楼层中,预制板搁置在梁或墙上时,只要保证有一定的搁置长度并通过灌缝或坐浆就能满足要求,一般不需另画构件的安装节点大样图。但当房屋处于地基条件较差或地震区时,为了增强房屋的整体刚度,应在板与板、板与墙(梁)连接处设置锚固钢筋,这时应画出安装节点大样图,如图 14-11 所示。

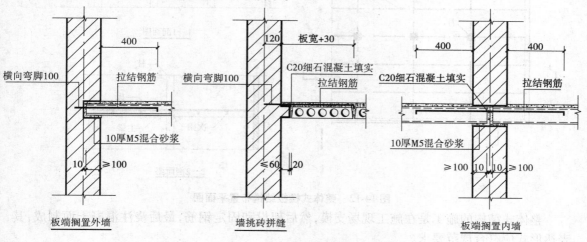

图 14-11　构件安装节点大样

3. 构件统计表

在结构布置平面图中,应将各层所用构件进行统计,对不同类型、规格的构件统计其数量,并注明构件所在的图号或通用图集的图册号及页数。

表 14-6　构件明细表

序　号	构件名称	构件代号	数　量	图集(纸)号	备　注
1	预应力空心板	YKB366-4	87	西南 G231	
2	预应力空心板	YKB365-4	52	西南 G231	
3	钢筋混凝土平板	B1852	63	川 03G304	
4	过梁	GL4102	16	国家 03G 322—1	
5	过梁	GL4152	16	国家 03G 322—1	
6	过梁	GL4182	4	国家 03G 322—1	
7	现浇梁	XL-1	16	结施××	
8	现浇梁	XL-2	16	结施××	
9	现浇梁	XL-3	3	结施××	
10	现浇板	XB	16	结施××	

(二)整体式(现浇)楼层结构布置平面图

整体式钢筋混凝土楼板由板、次梁和主梁构成,三者经现场浇灌连成一个整体。用整体式楼层的结构布置平面图表示出主梁、次梁和板的平面布置及它们与墙、柱的关系;用结构布置平面图及若干剖、断面图来表示它们之间的连接构造,如图 14-12 所示。

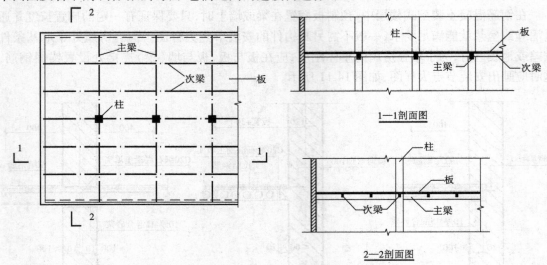

图 14-12 整体式楼板结构布置平面图

整体式结构的施工是在施工现场支模,然后架设和固定钢筋,最后浇注混凝土而制成,其表达形式应符合规范要求。

如钢筋混凝土现浇板,其钢筋布置通常用平面图来表示,如图 14-13(a)所示,在平面图中,除画出板的形状外,还要画出板下边的墙、柱、梁的轮廓线(图中被板遮住的部分用虚线画出)。在现浇板中,由于板内的钢筋系均匀布置,故各种类型的钢筋在一个区格内画一根就行了,但要附上一个间距符号@,并在画出的钢筋中注明各种钢筋的编号、级别、直径和间距。有的钢筋还要注明其一端到梁或柱边的距离及伸入相邻区格的长度。图 14-13(b)标明了在配筋较复杂的结构平面图中的表示方法,在洞口四周,除布有加强钢筋外,洞口左、右两边所用钢筋相同,前、后所用钢筋也相同,但还是要将钢筋都画出来。

在现浇板配筋图中,仍需编制钢筋明细表。

规定不画板中的分布钢筋,但要在钢筋表中注明其直径、间距及长度。

现浇梁板式楼、屋盖中,主次梁的结构详图与前述预制梁的表示方法基本相同,所不同的只是现浇梁详图还应画出梁与板、梁与支座的相互关系。

值得提及的是钢筋混凝土整体式结构现在已广泛采用了"平法"的表达方式,所谓"平法"即是"建筑结构施工图平面整体设计方法"的简称,其表达形式是把结构构件的尺寸和配筋等整体直接表达在各类构件的结构平面布置图上,再与标准构造详图配合,构成一套新型完整的结构施工图。这种表达方式改变了传统的将构件从结构平面布置图中索引出来再逐个绘制配筋详图的繁琐方法,更多地使用了标准图,大大简化了绘图过程,提高了设计效率。目前国家已颁布实施的有钢筋混凝土柱、梁、板、剪力墙等平法制图规则及标准构造详图,对该部分内容,限于篇幅就不介绍了,如需要可参考相应的平法图集。

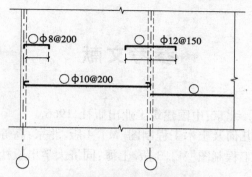

(a) 钢筋在平面图中的表示方法

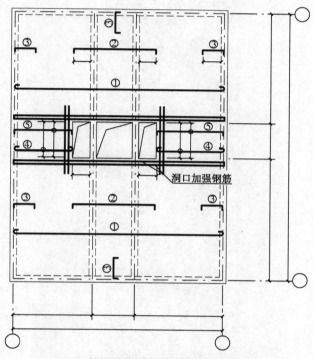

(b) 楼板配筋较复杂的结构平面图

图 14-13 钢筋混凝土现浇板配筋图

参考文献

［1］廖远明. 建筑图学［M］. 北京:中国建筑工业出版社,1966.

［2］朱育万,卢传贤. 画法几何及土木工程制图［M］. 4 版. 北京:高等教育出版社,2010.

［3］陈文斌,章金良. 建筑工程制图［M］. 3 版. 上海:同济大学出版社,2001.